장군의
전역사

장군의 전역사

轉役辭

물과 땅과 바람과 불의 이야기

김영식 지음

지식노마드

사랑하는

대한민국

국군 장병에게

바칩니다.

이야기의 시작

행복한 가정은 서로 닮았지만, 불행한 가정은 모두 저마다의 이유로 불행하다.

러시아의 문호文豪 톨스토이의 명작《안나 카레니나》에 나오는 유명한 첫 문장이다. 짧은 글 속에 저절로 고개를 끄덕이게 만드는 톨스토이의 대단한 통찰력洞察力이 느껴진다. 그러한 톨스토이의 생각을 차용借用하여, 내가 보아왔고 겪었던 군인에 대해 말하면 다음과 같다.

행복한 군인은 서로 닮았지만, 불행한 군인은 모두 저마다의 이유로 불행하다.

군 생활을 하면서 나 스스로 느꼈던 점도 그러하였고 내가 만난 수많은 사람도 그렇게 생각하거니와, 성공한 군 생활을 한 사람들은 모두 비슷한 경향이 있는 반면에 성공하지 못한 사람들은 다 각기

다른 이유로 불행한 군인의 길을 걸었다. 이 책을 써야겠다는 생각도 그 지점에서 출발하였다. 성공한 군인의 삶을 사는 길은 무엇인가? 어떻게 해야 실패하지 않는 군인의 길을 후배들에게 알려줄 수 있을까?

그래서 군인의 길을 먼저 걸은 선배 입장에서 '후배들이 이러한 생각과 행동을 하는 군인이 되면 좋겠다'는 나의 생각을 정리하고자 했다. 거창하게 철학까지는 아니더라도 지금까지 군 생활을 하면서 생각하고 느꼈던 모든 편린片鱗들을 모아보았다. 나는 그동안 군의 발전을 위한 생각이 떠오를 때마다 '미래를 준비하기 위한 현재 생각의 모음'이라는 제목으로 기록을 정리해왔다. 이렇게 정리한 내용이 이 책에 오롯이 반영되어 있다고 보면 될 듯싶다.

군인으로서 생각하고 행동해야 할 덕목德目 16가지를 4개의 부로 나누어 소개했다. 인위적으로 나눈 4개의 부는 인간의 상상력을 4가지 원소라는 기준에 의해 분류할 수 있을 것으로 생각했던 가스통 바슐라르*의 생각을 따랐다. 눈치 빠른 사람들은 벌써 이해했겠지만, 내가 걸었던 길을 신분별身分別로 형상화形象化한 것으로, 그렇게 나누는 것이 나의 길을 설명하는 데 가장 쉬운 방법이라고 생각했기 때문이다. 그렇다고 하여 각 부의 4가지 덕목이 그 신분에서만 필요하다고 주장하는 것은 아니다. 모든 덕목은 군복을 벗는 순

---

* 프랑스의 철학자. 과학철학 분야에서 크게 두각을 나타내었으며 미셸 푸코와 같은 프랑스 철학자에게 많은 영향을 끼쳤다.

긴까지 더 필요하지만, 그것을 기술記述한 신분에 있을 때 더욱 중요한 가치가 있음을 감안하여 임의로 분류하였음을 이해해주기 바란다. 어느 하나의 덕목은 다른 덕목과 필연적으로 연관聯關되어 있으므로 그 덕목에서 강조했던 말이 다른 덕목에도 나오는 것을 완벽하게 피할 수는 없었다. 예를 들어서 정의로운 군인은 당연히 책임감이 높을 것이고 언제나 명예로운 행동을 할 것이기 때문이다. 또한 각자 관점觀點에 따라서는 각 덕목에서 들었던 사례가 거기보다는 오히려 다른 쪽에 더 적합適合하다는 평가를 할 수도 있음을 미리 밝혀둔다.

꼭 맞는 말은 아니겠지만 나는 군 생활을 시작하면서부터 "초급장교初級將校 시절에는 체력體力이 좋아야 하고, 영관장교領官將校 때에는 똑똑하다는 말을 들어야 하며, 장군將軍이 되어서는 사람이 됐다는 평가를 받아야 한다"는 말을 자주 들었었는데 그것이 이 책의 순서를 정하는 데 영향을 주었는지 모르겠다.

나는 장교가 되기 위한 준비 기간인 생도 생활을 거친 후 위관장교尉官將校와 영관장교를 지나 장군까지, 40년 6개월 11일. 날짜로 세면 1만 4,803일의 남들보다 비교적 긴 군 생활을 하였다.

제1부는 군인에 대한 정체성正體性을 갖추어가던 사관학교 생도 시절을 생각하며 썼다. '물의 소리'를 제1부의 제목으로 정한 이유는 물이 인간의 육체를 유지하는 데 가장 중요한 요소要素라고 생각하였기 때문이다. 사람의 몸은 70%가 물로 이루어져 있으며 5일간 물을 공급받지 못하면 더 이상 생명을 유지할 수 없게 된다. 다른 어

떤 요소보다 물은 생존生存에 가장 중요하고 기본基本이 되는 조건
이다. 그런 것처럼 군인으로 살아가는 데 가장 기본이 되는 4가지
덕목을 정하여 제1부에 기술하였다.

제2부 '땅의 기세氣勢'는 위관장교들을 위한 공간空間이다. 내가
육군 출신이기 때문에 더욱 그러한지는 모르겠지만, 우리는 두 다리
를 땅에 굳건히 디디고 서야 한다. 어떤 풍파가 몰아치더라도 뿌리
가 깊은 나무는 바람에 쓰러지지 않는 법이다. 반석盤石 위에 기초를
세우듯이 위관장교는 튼튼하게 뿌리를 내려야 하는 시기이다.

제3부는 '바람의 찬가讚歌'라고 이름 붙였다. 영관장교 시절은 가
장 정력적精力的으로 전문가의 수준에서 자기의 역량을 발휘發揮하
면서도 꿈을 좇는 시기라고 생각한다. 어느 정도의 성공에는 도달
하였지만 위아래로부터 받는 압박壓迫은 점점 커지고 가장으로서의
역할은 더 무거워지는 고난의 여정旅程을 걷는 기간이다. 새로운 바
람을 일으키든지 아니면 바람에 날아가는 운명運命이 될지를 결정
짓는 시기임이 분명하다.

제4부 '불의 지휘指揮'는 소수의 장군을 위한 선택이다. 불은 모든
것을 녹여 하나로 만든다. 군대의 모든 영역에서 얻은 지식과 경험
을 하나로 녹여내어 승리勝利하는 군대를 만들자는 의미로 썼다. 한
편, 치열한 경쟁에서 살아남아 자신이 추구하던 목표를 이루었으니
이제는 불꽃처럼 타올라 뒤에 오는 자들의 향도嚮導가 되어야 함을
강조하고자 하였다.

이 책에서 나는 새로운 이론理論이나 깊은 철학을 이야기하지 않
는다. 아니, 나에게 그런 능력이 애초부터 없기 때문에 "못 한다"라

고 말하는 게 더 정확한 표현일 것 같다. 나는 단지 생텍쥐페리가 "당신이 배를 만들고 싶다면 사람들에게 목재를 가져오게 하고, 일을 지시하고 일감을 나눠주는 일을 하지 말라. 대신 그들을 바다로 데리고 가 저 넓고 끝없는 바다에 대한 동경심憧憬心을 키워줘라"고 말한 것처럼 여러분에게 바다를 보여주고자 할 뿐이다. 내가 군 생활을 통해서 스스로 느끼고 경험經驗했던 것, 또는 유심히 읽었던 책의 내용, 다른 사람의 강의講義에서 들었던 것 중에 기억할 만한 것들을 여기에 썼다. 또한 TV 프로그램이나 영화를 보면서 느꼈던 것들, 새벽에 성당과 교회와 법당을 돌며 기도하면서 받았던 영감靈感과 산책길에서 골똘히 생각한 끝에 얻은 것, 평소 부하들에게 교육하였던 자료資料들을 나름대로 정리해서 만들었다. 따라서 나의 독창적獨創的인 내용이라기보다는 여러 사람의 지식을 모은 통섭統攝의 결과물結果物이라고 생각해주면 고맙겠다.

16개의 덕목을 다루는 각 장에는 그 덕목과 관련된 여러 가지 의견意見을 기술하였으며 이어서 그 덕목을 가장 잘 설명할 수 있는 예화例話를 소개했고 마지막 부분에는 '나의 생각'이라는 코너를 만들어서 군 생활을 통하여 제시한 덕목을 실천한 나의 사례事例를 적었다. 혹시 오해가 있을까 싶어서 덧붙이자면, 나를 자랑하기 위하여 이 책을 쓴 것이 전혀 아니며, 무슨 자서전自敍傳이나 회고록回顧錄을 쓰는 마음으로 출발한 것도 아니다. 집필執筆 단계에서부터 그럴 의도가 없었을 뿐만 아니라, 자서전이나 회고록을 쓸 만한 '깜냥'도, '나이'도 절대 아님을 내가 가장 잘 알고 있으니, 그 점에 대해서는 오해가 없기를 간곡히 당부當付한다.

나의 사례를 포함시킨 이유는 그것이 가장 피부에 와닿는 설명說明이 될 수 있을 것 같아서였을 뿐이다. 또한 이러한 구성構成이라면 독자들이 각 덕목에 관련한 자기 생각을 정리하기에 용이하고 혹시 부하들을 교육教育할 경우에는 유익한 예화例話를 쉽게 찾을 수 있을 듯싶었기 때문이다. 그리고 나의 사례가 어떤 이에게 벤치마킹이 되었으면 좋겠다는 생각도 솔직히 있었다. 다만 나의 사례는 없던 일을 쓴 것이 아니라 이 책을 읽을 나의 옛 전우戰友들이 다 알고 있는 사실을 가감加減 없이 썼음을 밝히고 싶다. 내가 없던 일을 미화美化할 만큼 후안무치厚顔無恥하지는 않다고 믿는다. 여기에 기록된 것들은 성실히 살아왔던 내 평생의 자취이니 자랑스럽든 창피하든 모두 내 삶의 일부였다. 돌이켜보면 많이 부족한 군인이었지만, 누구의 말마따나 "천당天堂을 가기에는 자신이 없지만 지옥地獄을 가라면 무척 섭섭한 삶을 살았다"고 자부하며, 나의 이 근거 없는 자신감이 여러분에게 신뢰信賴를 줄 수 있기를 바란다.

책을 펴내는 데에는 많은 주저躊躇와 함께 용기가 필요하였다. 그럼에도 부끄러움을 무릅쓰고 책을 쓴 이유는 나만의 바람이 있어서다. 내가 사단장師團長 시절부터 부하들에게 주장하였던 '내가 꿈꾸는 군대'―이제는 현역現役이 아니니 '내가 꿈꾸었던 군대'라는 말이 더 정확할 것이지만―를 만드는 데 한 명이라도 더 동참同參하는 사람이 늘었으면 하는 것이다. 내가 꿈꾸어왔던 바는 어찌 보면 우리 군의 체질體質과 문화文化를 바꾸는 무엇일 수 있었지만, 그 일은 내 짧은 군 생활로는 이룰 수 없었던 것이라고 말하는 게 정확할 것 같다. 그러니, 바라건대 이 책자가 밀알 하나가 되어 국민이 진정으로 사랑하고 승리勝利하는 군대가 되는 데 조그마한 힘이라도 되었으면 한다.

이 책이 세상으로 나오는 데에는 정말 많은 사람의 도움과 응원應援이 있었다. "전역轉役 후에는 열심히 집안일을 도와주겠다"고 약속했으면서도 어쭙잖게 책을 쓴다며 서재書齋에 틀어박혀 나 몰라라 하였던 남편을 웃음으로 응원하여준 아내 황미애 여사에게 첫 번째 감사인사感謝人事를 해야겠다. 아내가 도와주지 않았다면 회갑回甲을 맞는 올해에 '무어라도 하나를 해야지!' 하는 염두念頭만 굴리면서 실상은 아무것도 할 수 없었을 것이다. 당신의 몸이 불편하시면서도 밤늦게 또는 새벽까지 컴퓨터 앞에 앉아 글을 쓰는 막내 사위를 더 걱정해주시던 장모님과 대대장 시절부터 나를 '가슴으로 나은 아들'이라 여기시며 가없는 성원을 보내주신 파주 율곡리의 양어머니 심순남 여사께도 깊은 감사를 드린다. 아버지가 그동안 잘 말해주지 않았던 많은 일이 기술된 책을 보며 아버지의 삶의 흔적痕迹을 좀 더 잘 이해할 수 있을 것 같은 사랑하는 두 아들과 며느리, 또한 나의 형제들과 처가의 식구들에게도 감사함을 전한다. 나를 향한 그들의 큰 믿음이 군 생활뿐 아니라 지금의 삶에도 가장 중요한 역할役割을 하였다.

잊지 말아야 할 사람들이 더 있다. 집필을 위한 초기 단계에서 함께 고민해준 문상식 대령, 임상진 대령과 김형준 중령, 박영환 중령에게 깊은 감사의 마음을 전한다. 그들이 있어서 책 쓰기의 기틀이 제대로 잡혔다. 전역 후에 필요한 자료들을 챙겨준 임채원 소령에게 특별한 고마움을 전한다. 혼자 하는 작업이 가능했던 데에는 그의 지원이 큰 역할을 하였다.

책이 출판되는 데에는 지식노마드 대표이신 김중현 님의 노고가 컸다. 부끄러운 초고草稿에 높은 점수를 주시면서 격려激勵해준 덕택에 용기를 내어 글을 마무리지을 수 있었다. "칭찬은 고래도 춤추게 한다"는 카피를 만드신 분답게 나를 많이 칭찬해주셔서 여기까지 왔다는 점에 큰 고마움을 드린다. 투박偸薄한 나의 글을 힘 있고 아름다운 문체와 모양으로 다듬어준 편집자에게도 심심한 고마움을 전한다. 그들의 노고가 아니었다면 이 책은 중학생의 일기와 같았을 것으로 생각한다. 마지막으로는 이 책에 나오는 이야기를 함께 만들어준 선후배와 전우들께 진심으로 감사한다. 그분들과의 군 생활이 이 책을 만든 가장 큰 재료材料였으니 책의 상당 부분은 전우들의 몫이라는 게 맞을 것이다. 실명實名 혹은 가명假名으로 등장하는 사람들의 명예에 누漏가 없기를 바라며, 글들을 인용引用하는 과정에서 나름대로 세심하게 살피고 배려하려 노력하였지만, 본의本意 아니게 잘못된 경우가 있다면 나의 책임임을 밝힌다.

사랑하는 대한민국 국군과 장병 여러분의 건승健勝을 기원한다.

2018년 봄, 별내의 불암산佛巖山 자락에서
예비역豫備役 대장大將 광하廣河 김영식金榮植

차례

제 1 부

물의 소리

애국愛國

자기 나라를 사랑함

군인이 되기 위해 가장 먼저 가슴에 품어야 할 생각

40년하고 6개월 11일,
날수로 세어보니 1만 4,803일이 지났지만
지금도 뚜렷하게 기억합니다.

난생처음 입었던 전투복 바지에
왼발을 먼저 집어넣으라고 하는 기훈 분대장님의
금속성 같은 음성에 몹시 당황하였던
앳된 청년 김영식의 모습이.

지금도 들립니다.

대지를 집어삼킬 듯 태릉골을 울리던 어린 사자들의
포효 소리,
단조롭지만 듣고 있노라면 가슴을 뛰게 하던 발맞추는
군화 발자국 소리,
음정과 박자에 무관하게 목에 핏대를 세우며 부르던
군가 소리,
고단한 하루를 마치고 오늘도 이겨냈음에 감사하며 듣던
취침나팔 소리.
그 소리 속에서 저는 점점 군인이 되어갔습니다.

오디세우스가 고향으로 가는 뱃길에서
사이렌의 유혹과 스킬라의 공격*을 피할 수 없었듯이,
저도 집으로 돌아가는 길에 오르는 오늘에 이를 때까지
참으로 많은 실패와 고난을 피할 수 없었습니다.
특히, 제 부덕의 소치로 유명을 달리했던 젊은 영웅들은
제 가슴에 화인火印으로 남아 있습니다.

---

* 호메로스가 쓴 서사시《일리아스》에 나오는 트로이의 영웅 오디세우스가 전쟁 후 10년
간에 걸친 귀향길에서 겪었던 모험의 일부.

열정은 높았으나 아는 바가 부족하여 부하들을 힘들게
하였던 위관 시절과,
아는 것은 제법 늘었지만 자만과 아집으로 주변 사람들을
어렵게 하였던 영관을 지나,
꿈에 그리던 장군의 반열에까지 올랐지만,
저는 늘 부족하고 못난 군인이었음을 고백합니다.

이것은 나의 군 생활 마지막을 장식하며 전역식장에서 읽은 전역사轉役辭의 첫머리이다. 책의 맨 처음을 전역사로 시작하는 이유는 나의 끝이 누군가에게는 출발을 알리는 신호信號이기를 바라는 마음에서다.

전역사를 구상構想하는 단계에서 어떻게 쓰는 것이 가장 진솔眞率할 것인가를 먼저 고민하였다. 그랬더니 자연스럽게도 사관학교에 가입교假入校한 날에 느꼈던 혼란스러움으로 시작하는 게 정답이라는 결론에 도달했다. 긴 세월 동안 군인이었던 내가 실은 군인이라는 자각自覺을 하지 않고 아니, 하지 못하고 육사에 입교하였음을 고백告白하기 위함이었다. 물론, 너무 드러내놓고 고백하면 창피할까 봐 저간這間의 모든 것을 그대로 쓰지는 못하였다. 그런 내가 사관학교를 다니면서 점점 군인이 되었다.

나는 군 생활에 필요한 모든 것을 화랑대에서 배웠다

《소유냐 존재냐To have or To be》는《사랑의 기술The Art of Loving》로도 유명한 정신분석학자精神分析學者이자 인문주의人文主義 철학자 에리히 프롬이 쓴 명저이다. 고등학교 시절 읽은 이 책을 통해 어린 마음에 소유를 위한 삶보다 존재하는 삶이 당연히 멋지다고 생각했었다. 1977년 육군사관학교에 입교하면서 자연스레 존재형存在形 인간이 되어야 함을 본능적本能的으로 느끼게 되었다.

내가 육사에서 생활하던 생도대生徒隊 건물建物 앞에는 큰 바위가 하나 있었다. 그 바위에는 안중근 장군의 유묵遺墨이 새겨져 있었다.

爲國獻身 軍人本分
국가를 위해 헌신하는 것이 군인의 본분이다.

요즘 이 문구文句를 모르는 사람이 있을까마는 당시 나는 생전 처음 들어본 말이어서 매우 신선新鮮하게 느꼈었다. "군인은 국가를 위해 헌신해야 한다. 그것이 군인의 본분이다"라는 짧은 이 말이 육사 생도陸士生徒 생활 내내 그리고 군 생활하는 동안 내 머리와 가슴에서 한 번도 떠난 적이 없다.

육군사관학교 교정에 있는 안중근 장군의 위국헌신 탑

사람은 왜 사느냐?

이상을 이루기 위하여 산다.

보라 풀은 꽃을 피우고 나무는 열매를 맺는다.

나도 이상의 꽃을 피우고 열매 맺기를 다짐하였다.

우리 청년 시대에는 부모의 사랑보다

형제의 사랑보다 처자의 사랑보다도

더 한층 강의한 사랑이 있는 것을 깨달았다.

나라와 겨레에 바치는 뜨거운 사랑이다.

나의 우로와 나의 강산과 나의 부모를 버리고라도

그 강의한 사랑을 따르기로 결심하여

이 길을 택하였다.

이 글은 윤봉길 의사義士께서 김구 선생이 주도하던 한인애국단에 가입加入하면서 조국을 위해 죽겠다는 다짐과 함께 남긴 글이다. 윤 의사는 1932년 4월 29일 상하이 훙커우공원*에서 열리는 일왕日王의 생일 축하연 및 상하이 점령 전승戰勝 기념 행사장에서 폭탄을 투척投擲해 상하이 파견군 총사령관 시라카와 요시노리白川義則 등 일본 군인과 정부 요인要人을 죽이고 자결하려 했으나, 폭탄이 불발되어 일본군에 붙잡혀 수감 후 24세 꽃다운 나이에 총살銃殺당하셨

---

* 현재는 루쉰공원으로 불린다.

다. 당시 중국의 장제스蔣介石는 홍커우공원에서 윤봉길 의사가 폭탄 투척을 했다는 소식을 전해 듣고 "중국의 100만이 넘는 대군도 해내지 못한 일을 조선인 청년이 해내다니 정말 대단하다"라며 감탄하였고, 이 사건은 장제스가 대한민국 임시정부臨時政府를 전폭적으로 지원해주는 계기가 되었다.

인간은 누구나 자신의 하나뿐인 인생을 자기를 위해 살아갈 권리가 있다. 그리고 자신을 위해 살아가는 그 길에 소유를 목적으로 하는 삶을 살 수도 있고 존재를 목적으로 하는 삶을 살 수도 있을 것이다. 군인이 되고자 하는 자者는 비록 윤봉길 의사와 같은 결심까지는 아니라 할지라도 자신의 부귀富貴와 영달榮達을 위해 군인의 길을 걸으려고 해서는 절대로 아니 될 것이며, 오직 '위국헌신' 네 글자를 생각하고 그 길을 가야 할 것이다.

군인이란 "군대의 구성원으로 전투에 필요한 장비와 기본 기술을 갖추어 전쟁 또는 유사시에 대비對備하는 역할을 담당"한다고 위키피디아 한국어판은 소개하며, 국립국어원이 발행한 사전辭典에는 "군대에서 복무하는 사람. 육·해·공군의 장교·부사관·병사를 통틀어 이르는 말이다"라고 정의定義하고 있다. 하지만 이러한 사전적辭典的인 정의로는 군인이 어떤 존재인지를 제대로 나타내는 데 많은 한계가 있다.

역사상 위대한 군인들이 많았다. 우리의 역사를 보더라도 이순신, 강감찬, 을지문덕, 안중근, 김영옥, 이종찬 등이 쉽게 머리에 떠오른다. 다른 나라의 경우에는 한니발, 카이사르, 나폴레옹, 칭기즈칸, 클라우제비츠, 아이젠하워, 만슈타인 등 수많은 인물이 있다. 어떤 사람은 오직 무인武人이었고, 어떤 이는 일국의 황제皇帝였으며, 어떤 이는 정치가政治家이기도 했는데, 이들은 작게는 자기 나라를 멸망滅亡의 구렁텅이에서 건져내었고 크게는 인류를 구한 영웅들로 칭송을 받는다. 역설적이게도 역사상 위대한 군인들이 그의 역량을 드러내기 위해서는 전쟁 같은 참혹한 국가적 위기危機가 있어야 했다. 내가 군인으로서 전쟁이 없던 시기에 복무服務하였다는 것은 일견一見 행복한 일이라 생각한다. 그러나 한편으로는 전시를 대비하는 업業을 가진 사람으로서 유사시 어떻게 해야 국가의 안위安危를 더 잘 보장할 수 있을까를 고민해야 하는 군인의 입장에서는 실전 경험實戰經驗이 없었다는 게 아쉽기도 하였다.

사람은 태어나면서부터 자기의 의사와는 상관없이 한 국가의 구성원이 된다. 이런 의미에서 국가는 우리에게 운명공동체運命共同體의 의미를 지닌다고 할 수 있다. 군인에게 있어서 국가와 국민의 의미는 여타 다른 국민이 갖고 있는 것과는 분명히 달라야 한다. 우리의 땅을 '조국祖國'이라고 부르는 군인에게는 내 생명을 다 바쳐서 사랑해야 할 대상인 것이다. 쉽게 말해서 '묻거나 따지지 말고 무조건 충성忠誠을 다해야 하는 대상'이 군인의 조국이다.

에리히 프롬은 존재형 인간이 많을수록 그 조직과 사회는 건강하고 진정한 성과成果와 행복을 누릴 수 있다고 주장했다. 세상 모든 일이 마찬가지이겠으나 그 일의 목적과 동기가 올바른 데 있지 아니하면 수단과 방법이 왜곡歪曲되고 변질變質되기 시작하여 나중에는 걷잡을 수 없는 지경에 이르게 된다. 군 생활의 목적과 동기를 '위국헌신'이 아닌 '진급이나 개인 영달'에 두는 순간, 그 사람은 우리 군의 진정한 인재人材가 아닌 군에 인재人災를 불러올 수도 있다는 점에 주목해야 한다. 군인에게 있어 진급進級이 중요하다는 것을 부정할 수는 없지만, 진급을 올바른 목적, 즉 위국헌신하는 삶을 위해 최선을 다해 임무를 완수했을 때 자연스럽게 따라오는 보상報償으로 생각해야지 진급 그 자체가 목적이 되어서는 안 된다. 설령 여러 가지 상황으로 인해 진급이 안 되더라도 자신이 올바른 목적을 가지고 최선을 다했을 경우, 타인의 시선이 아닌 자신의 양심에 비추어 하늘을 우러러 부끄럼 없는 인생이며, 자기가 하고 싶은 일을 즐겁게 함으로써 행복하였다고 생각한다면 그것이 존재형 인간이고 삶이다. 그러한 사람들이 많은 군대라면 군이 존재하는 이유를 제대로 구현할 수 있을 것이고, 군이 먼저 나서서 국민의 절대적인 존경과 신뢰를 요구하지 않더라도 저절로 존경과 신뢰를 받는 진정한 국민의 군대가 될 수 있을 것이다.

> 국군은 국가의 안전보장과 국토방위의 신성한 의무를 수행함을 사명으로 하며 그 정치적 중립성은 준수된다.
> — 대한민국 헌법 제5조 2항

우리나라 헌법憲法 제5조 2항에는 우리 군의 사명使命을 정확하게 명시하고 있다. 국가의 안전보장安全保障과 국토방위國土防衛의 의무를 수행해야 한다고 하면서, 이 사명은 '신성神聖한 의무' 즉 신이 부여한 성스러운 책무라는 말까지 덧붙이고 있다. 정치와 종교가 분리(政教分離)된 우리나라 헌법 체제에서 신이 무엇인가를 하라고 했다는 표현을 헌법에 기술하는 것은 대단히 이례적인 일이다. 그만큼 국군이 해야 할 사명이 중요하다는 것을 여실히 보여주는 증거라고 할 수 있다.

누군가 태극기가 붙은 축구 유니폼을 입고 있으면 우리는 그(녀)를 국가대표 축구선수라고 부른다. 배구 유니폼에 태극기가 달려 있으면 그(녀)는 대한민국을 대표하는 배구 국가대표 선수로서 국가 간의 경기에 출전할 것이다.

우리 군인의 옷, 그중에서도 가장 중요한 전투복戰鬪服 오른쪽 어깨에는 태극기가 붙어 있다. 왜 대한민국 국민은 군인들 옷에 태극기를 달아주었을까? 마치 태극기를 달고 대한민국을 대표해 국가 대항전에서 경기를 뛰는 선수들을 국민이 열렬히 응원하듯, 태극기를 달고 국가안보를 위해 전투준비태세戰鬪準備態勢를 갖추고 있는 군인들에게 국민은 혹시나 있을 전쟁을 미리 대비하여 효과적으로 억제抑制하고 전쟁이 났을 때는 가차 없이 적을 쓸어버려 국가의 안위를 보장하라는 응원이자 명령命令을 보내는 것이 아닐까? 국민이 군인에게 부여한 첫 번째 과업은 애국愛國이라고 생각한다. 그렇기 때문에 헌법에 군인은 나라 사랑을 위해 신성한 의무를 수행해야 한다고 이야기하고 있는 것이다. 국민을 사랑하고 국가를 사랑하는 것! 그것이 애국 아니고 그 무엇이겠는가?

2004년 대령 시절 나는 미美 조지워싱턴대학교에서 정책연수政策研修를 할 기회가 있었다. 대학교는 미국 워싱턴DC 안에 있었는데

내가 가장 좋아하는 사진 중 하나이다.

워싱턴DC에 있는 한국전쟁 참전 기념비

숙소 인근에 한국전쟁 기념공원記念公園이 있어 자주 산책을 했었다. 그곳에는 '한국전쟁 참전 기념비'가 세워져 있는데 그 기념비 앞으로는 19명의 미군 장병들이 판초 우의를 뒤집어쓰고 큰 M1 수총과 무전기를 들고 피곤한 얼굴로 행군하는 모습의 동상銅像들이 서 있다.

일설一說에 따르면 장병 38명의 동상을 설치하고자 했으나 공간과 예산이 제한되어 19개의 동상을 설치하고 한쪽 벽에 대리석 기념비를 설치하여 거기에 비친 19개의 모습으로 총 38명의 장병을 나타내었다고 한다. 군이 38명을 표현하고자 한 데에는 여러 가지 설이 분분紛紛하다. 첫째, 한국전쟁하면 가장 먼저 기억나는 단어가 당시 남북한을 분단分斷하고 있었던 38도선이었다는 것과 둘째, 6·25전쟁이 38개월 동안 지속되었기에 그렇다는 설, 마지막으로 6·25전쟁 당시 미군 1개 소대 편제編制가 38명으로 이루어졌기 때문이라는 것 등이 있다.

다시 본론으로 돌아가면, 대리석 기념비에는 "Freedom is not free자유는 거저 주어지는 것이 아니다"라는 아주 유명한 문구가 쓰여 있다. 그런데 내가 더 감명받은 것은 그 기념비 바닥에 적혀 있던 다음과 같은 글이었다.

OUR NATION HONORS HER SONS AND DAUGHTERS
WHO ANSWERED THE CALL TO DEFEND A COUNTRY
THEY NEVER KNEW AND A PEOPLE THEY NEVER MET

OUR NATION HONORS
HER SONS AND DAUGHTERS
WHO ANSWERED THE CALL
TO DEFEND A COUNTRY
THEY NEVER KNEW
AND A PEOPLE
THEY NEVER MET

1950 ▾ KOREA ▾ 1953

기념비 바닥에 적혀 있던 짧은 글이 내 마음에 박혔다.

우리나라는 그들이 전혀 알지 못했던 나라와 한 번도 보지 못했던 그 나라의 국민을 방어하기 위하여 전쟁에 나가자고 했을 때 부름에 응답하였던 우리의 아들과 딸들을 기립니다.

아주 간단한 문장이지만 이 문장을 보면서 '아! 저게 군인이구나! 저것이 바로 군인이 애국하는 길이구나!' 하는 생각, 깨달음 같은 것을 얻었다. 'calling'에는 소명召命, 직업, 천직의 의미가 있는데, 개신교와 천주교에서 하느님이 누군가를 목회자의 길로 부르는 것을 '소명 받았다'고 한다. 하느님이 불렀기에 종교인이 된 것처럼 군인은 국가의 부름이 있어서 군인이 된다.

생각해보면 생도 시절 입었던 정복이나 예복 상의가 로만 칼라로 되어 있었던 이유를 알 것도 같다. 마치 천주교 신부가 하느님의 부름을 받아 사제복을 입듯이 생도들도 국가와 국민의 부름을 받아 신부와 같은 길, 헌신獻身과 절제節制하는 삶을 살아야 함을 강조하기 위한 의미가 아니었을까 한다. 국가의 부름이 있어 군인이 된 사람에게 국가가 이제 전쟁에 나가라고 요청했을 때 묻거나 따지지 않고 즉각 응답하는 것이 군인이 애국하는 길이라는 것이다.

군인이 애국하는 길

군인은 어떻게 애국할 수 있을까? 나는 다음 3가지로 이야기한다. "전투준비! 교육훈련! 부대관리!" 이 3가지만 잘하면 그는 국가와 국민에 애국하는 군인이라고 봐도 틀림이 없다. 어찌 보면 군 생활은 이 3가지가 그때그때의 여건에 따라 다른 가중치加重値를 갖고 빙글빙글 돌아가면서 연결되는 것이라고 생각해도 무방하다. 어떤 제대梯隊에 어느 지휘관이 부임해서 자기가 부대를 지휘하고자 하는 지휘중점指揮重點으로 수십, 수백 가지를 이야기한다 하더라도 위의 3가지 범주範疇 안에 다 들어간다.

지금부터 군인이 애국할 수 있는 구체적인 방법에 대하여 차례대로 하나씩 알아보자.

첫 번째는 전투준비戰鬪準備다.

전투준비는 한마디로 "Fight Tonight, 오늘 밤이라도 지금 이대로 싸운다"라고 할 수 있다. 먼저, 여러분에게 엉뚱한 질문 하나를 던지겠다. 만약, 신神께서 현존해 계셔서 당신 꿈에 나타나 "한반도에서는 앞으로 100년간 전쟁이 안 일어날 것이다"라고 말씀하셨고, 만약 당신이 대한민국의 대통령이라고 가정한다면 당신은 지금의 군대를 어떻게 하겠는가? 현재 수준으로 그대로 유지할 것인가, 아니면 정말로 필요한 최소한最小限만을 남겨두고 해산解散하겠는가?

당연히 후자를 택하는 것이 현명한 선택일 것이다. 신께서 앞으로 100년간 전쟁이 안 난다고 확실하게 약속하시는데 1년에 40조 원이 넘는 돈을 써가면서 거대한 규모規模의 군대를 유지할 필요가 있겠는가? 국방비를 100년 아끼면 매년 늘어나야 하는 예산 증가분을 고려하지 않더라도 약 4,000조 원이라는 어마어마한 돈이 생긴다. 이 돈을 경제 발전에 투자해 경제력을 키워서 지금부터 90년 지난 후 그러니까 신이 말씀하신, 전쟁이 안 난다고 약속한 기간의 10년 앞 정도에 지금까지 확대한 경제력을 가지고 그 시대의 가장 좋은 최신예最新銳 무기 체계들, 예를 들면 최첨단 로봇 군단을 2~3개 정도 만들고, 수소 잠수함, X세대 전투기, 차세대 스텔스 항공모함을 포함한 최신예 함정으로 무장하고, 전쟁을 해본 풍부한 경험이 있는 나라에서 용병 50만 명을 고용해 우리나라 최고의 장군단將軍團이 10년간 열심히 훈련시켜서 대비한다면 어떤 나라와 상대하든 승리하지 않겠는가? 솔직히 말해서 그런 정도의 군사력軍事力을 갖춘다면 다른 나라가 감히 공격하지도 못할 테니 저절로 억제가 달성될지도 모르겠다.

그런데 문제는 신께서 여러분 꿈에 나타나 전쟁이 안 일어난다는 말씀을 절대로 안 해준다는 것이다. 따라서 군인은 바로 오늘 밤이라도 전쟁이 발발할 수 있다는 생각 즉, '항재전장의식恒在戰場意識'을 갖고 지금 당장이라도 나의 현재 수준으로, 내 부대의 현 상태 그대로 적과 싸워 이길 수 있도록 준비를 해놓아야 하는 것이다. 그것이 바로 'Fight Tonight'이다.

우리나라는 현재 정전 체제하에 있는 분단국가이다. 정전停戰이란 무엇을 의미하는가? 말 그대로 전쟁이 잠시 멈추어 있다는 뜻이다. 그런 나라의 군인인 우리는 평화를 지향하면서도 언제 있을지 모르는 사태事態에 항상 내비하여야 한다. 위기관리가 실패할 때, 아니면 북한 정권의 잘못된 상황 판단이나 자신들의 정치적 목적에 따라 언제라도 전쟁이나 국지도발局地挑發 상황이 벌어질 수 있음을 인식하고, 언제나 전장에 있다는 마음으로 군무軍務에 임해야 한다. 여기에는 개인의 사소한 마음가짐에서부터 각자의 위치에서 맡겨진 임무에 성실히 임하는 것까지 모든 것이 해당한다. 술을 마시더라도 임무수행任務遂行이 가능한 수준까지 절제하는 것과 유사시 상황이 발생했을 때 규정된 시간 내에 부대에 복귀할 수 있는 수단과 대비 상태를 유지하는 것도 포함된다.

또한, 조금 더 범위를 넓게 봐서 만약 당신이 중대장中隊長이라고 한다면 '나는 중대장으로서 우리 중대가 지금 당장 이대로 싸울 수 있도록 준비되어 있는가?'라는 질문을 스스로 해봐야 한다. "소대장, 대대장, 연대장, 사단장으로서 나는 평소 이런 부대를 만들고 있는가?"라고 질문하여 주저 없이 "예!"라고 자신 있게 답할 수 있어야 애국하는 군인이라는 게 나의 생각이다. 거꾸로 얘기하면 이러한 질문에 "예"라고 답을 못하거나 즉각적인 답변을 주저躊躇한다면 그 사람은 애국을 안 하는 것이고, 군인으로서 자격이 없는 것이며, 따라서 자격이 없는 그런 군인은 최대한 빨리 군복을 벗고 군대를 나가야 한다는 게 나의 지론持論이다.

'나는 제1야전군사령관으로서 제1야전군이 지금 이대로 싸울 수 있도록 준비되어 있는가?' 이것은 내가 제1야전군사령관으로 임무를 수행할 당시 늘 내 머릿속을 떠나지 않았던 화두話頭였다. 그렇다고 내가 언제나 완벽하게 모든 것을 준비했었다고 강변强辯한다면,

이는 진실이 아니다. 다만, 그 화두를 늘 손에 쥐고서 수준을 높이기 위해 부단히 노력했다는 의미이다.

쉽게 말하여 '전투준비-Fight Tonight-창제긴장의식'은 군인이 애국하는 첫 번째 길이다.

두 번째는 교육훈련敎育訓練이다.

아마도 군인 독자라면 교육훈련이란 단어를 보며 뭔가 허전함을 느꼈을 것이라 추측한다. 통상 교육훈련이라는 말 앞에 '실전적實戰的인'이란 수식어를 꼭 끼워넣고 있는데 그 말이 없기 때문일 것이다. 왜 나는 바늘에 실 가듯 함께 따라다니는 이 말을 빼놓았을까? 내가 강조하는 바가 여기에 있다. 교육훈련 앞에 의미 없이 붙이는 실전적이란 말은 사족蛇足이다. 없어도 되는 말, 아니 없어야만 하는 말이다. 교육훈련은 태생적胎生的으로 실전적이어야 한다. 거꾸로 말해서 실전적이지 않은 교육훈련은 있어서는 안 되는 것이다. 교육훈련과 부대관리는 전투준비를 위한 것이며 크게 봐서는 전투준비의 한 부분일 따름이다. 그러니 전투준비와 관계없는 교육훈련은 존재 자체를 부정당하는 게 맞는 것이다. '이 훈련이 전투 현장戰鬪 現場에서 가치가 있는 것인가?', '이 훈련을 하면 내 부하가 전투 현장에서 전투력戰鬪力을 발휘하는 데 정말로 도움이 되느냐?' 하는 것을 따져 물어서 아닐 것 같은 훈련은 차라리 때려치우는 게 낫다. 보여주기 식, 했다 치고 식, 목표를 상실喪失한 훈련은 차라리 안 하느니만 못하며 그 시간에 공이나 차고 잠이나 자라고 하고 싶다.

전투와 같은 위기 시에 지휘관은 자신이 조직을 완전히 통제統制

할 것이라 생각한다. 하지만 실제는 그렇지 않다. 위기 중 지휘관은 모든 결정을 내리는 것이 아니므로 조직이 스스로 움직이고 스스로 역량을 펼칠 수 있도록 하는 게 중요하다. 모든 것을 직접 통제하려는 유혹이 강하게 생기지만 실전에서는 통하지 않는다. 평소 훈련한 능력을 토대로 알아서 움직이게 해야 한다. 그러므로 교육훈련이 중요한 것이다.

교육훈련에서 가장 강조하고 싶은 점은 독일의 롬멜이 남긴 다음 명언에 있다.

평시, 부하에게 해줄 수 있는 최고의 복지는 교육훈련이다!

그가 군인들을 위한 최고의 복지福祉가 강인한 교육훈련이라고 말한 이유는 강인한 훈련만이 전투에 참가한 부하들의 불필요한 희생을 줄여준다는 신념 때문이다.

롬멜은 제1차 세계대전에 보병 소대장과 중대장으로 참전했는데 당시 경험을 바탕으로《롬멜 보병전술》이란 책을 내기도 했다. 그는 중령이던 1929년부터 4년 동안 드레스덴 보병학교步兵學校에서 전술학 교관으로 근무하면서 제1차 세계대전에 참전했던 자신의 경험담을 강의했고 이 내용을 1937년에 '보병전술步兵戰術'이라는 이름을 달아 책으로 묶었다. 이 책은 히틀러 집권 후 재무장 열기再武裝熱氣에 휩싸였던 독일 사회에서 선풍적인 인기를 끌어 50만 부 이상이 판매되는 당대 최고의 베스트셀러가 되기도 했다. 히틀러 역시 이 책을 읽고 그를 발탁拔擢한 것으로 알려져 있다. 또한, 롬멜은 제2차 세계대전 때는 열악한 보급 문제補給 問題에도 불구하고 북아프리카 전선에서 연합군에게 두려움의 대상이 되었으며 '사막의 여우'라는 별명을 얻었다. 영국 총리 처칠은 "우리의 저군 독일의 킹 군 롬멜은 우리에겐 재앙災殃이지만 군인으로선 더없이 위대하고 훌륭하다"라고까지 말했다.

롬멜을 역사상 가장 뛰어난 명장名將이라고 단언하는 건 지나치다고 하더라도, 제2차 세계대전에서 독일을 대표하는 최고의 지휘관 중 한 명이라는 데는 이견異見이 없을 것이다. 이런 롬멜이 전쟁터에 나가서 전투를 경험해보니 군 지휘관이 부하들에게 평상시에 해줘야 할 가장 큰 복지는 우리가 흔히 생각하는 것처럼 빵 사주고, 휴가 보내주고, 영화 보여주고 하는 것이 아니라, 입에서 단내가 나도록 강한 훈련을 시키는 것이더라는 말이다. 그러한 훈련을 통해 최고의 전사戰士로 단련되어야만 생사가 갈리는 전쟁터에서 죽지 않을 확률이 높아지기 때문이다. 나는 이것이 군의 지휘관이 부하들에게 해줄 수 있는 복지의 최고점最高點이라고 생각한다. 여러분도 나와 같은 생각을 해주었으면 한다. 휴가 잘 보내주고 회식 잘 시켜주는 것도 부하 복지와 사기에 관계가 있겠지만, 'Fight Tonight'을 항상 염두에 두고 있는 군인으로서 내가 데리고 있는 부하가 지금 저 모습 그대로 전쟁터에 나가면 죽을 가능성이 높을 것 같다는 판단이 들면 그 부하를 살리도록 교육훈련을 강하게 시키는 것이 그들에게 진정한, 어쩌면 가장 큰 복지를 베푸는 것이다. 여러분은 교육훈련을 이런 관점에서 접근해야 한다.

지금부터는 '강한 교육훈련을 어떻게 시켜야 하는가?' 하는 문제에 대해서 이야기하고자 한다. 앞에서 교육훈련은 태생적胎生的으로 실전적이어야 한다고 말했다. 실전적인 훈련을 하지 않을 바에는 차라리 공 차고 놀게 하는 게 단위 부대의 단결력團結力을 높이는 데 더 좋은 방법이라고 억지까지 부렸다. 여기에서 여러분은 '실전적인'이란 단어에 유념留念해야 한다. 실전적이 되려면 먼저 전장의 실제 모습을 그려볼 수 있어야 하고 본인이 그렇게 그린 가상假想의 공간에서 전투가 어떻게 이루어질까 하는 생각을 많이 연습해야 한다. 나는 이러한 과정을 '전술적 상상력戰術的 想像力 키우기'라고 부른다.

전쟁을 상상할 수 없는 자는 교육훈련을 시킬 수 없다.

지휘관은 전술적 상상력을 풍부하게 발휘할 줄 알아야 한다. 단언컨대 전쟁의 모습을 상상할 수 없는 자는 실전적인 교육훈련을 시킬 수 없다. 전투 현장을 그릴 수 있어야 그 전투 현장에 부합하는 교육훈련을 시킬 수 있다. 이는 단순히 계급이 높다고 해서 저절로 되는 성질의 것이 아니다. 직책에 맞게 자신의 위치에서 전술적 상상력을 부단히 연습하고 발휘해서 그에 맞춰 교육훈련을 구상하고 실전과 같은 교육훈련을 시행하는 경험이 차곡차곡 쌓여야 한다.

여기서 여러분이 늘 머릿속에 가지고 있어야 할 것이 바로 전술적 고려 요소(METT+TC)*이다. 임무, 적, 지형 및 기상, 그리고 가용 부대

---

* METT+TC는 Mission, Enemy, Terrain and weather, Troops and support available, Time available, Civil considerations의 앞 글자를 따서 부르는 말이다.

에다 가용 시간과 민간 요소를 더한 6개의 요소는 전술적 수준에서 상황을 분석하고 판단하는 데 근간이 되는 중요한 요소로서 군인은 이를 기초로 상황을 평가하고 대응 방책을 수립하여 작전을 시행한다. 이러한 전술적 고려 요소戰術的 考慮 要素는 매 순간순간 계속 바뀌고 움직이며 변화되는 것이다. 그러니 실제 전투 상황에서 그 전술적 고려 요소에 딱 맞는 전술을 구사驅使한다는 것이 얼마나 어렵겠는가? 그런데 평상시에 이러한 부분을 고민하지도 않고, 전술적 상상력을 부단히 연마研磨하지도 않는다면 실제 상황이 생겼을 때에 상황에 맞는 해결책을 내놓는다는 것은 거의 불가능하다. 이것은 마치 바둑 기사가 수천, 수만 번의 대국對局을 통해 얻은 통찰력 또는 직관直觀을 활용해 바둑알을 놓는 것과 같다. 군인들도 전술적 상상력을 통해 실전 상황과 유사한 전장 환경에서 전장의 극한 상황을 체험하고 극복함으로써 개인과 부대의 전투 역량을 강화해야 한다. 특히, 지휘관의 리더십은 평화로울 때가 아니라 폭풍우가 불고 파도에 배가 뒤집힐 위기의 순간에 필요한 것이므로 그러한 상황에서 적시 적절한 판단과 건전한 결심을 내릴 수 있는 직관력直觀力을 키워야 한다. 전술적 상상력을 키우는 방법은 뒤에서 자세하게 다루겠다.

千里馬常有 伯樂不常有천리마상유 백락불상유
천리마는 항상 있으나 백락은 늘 있지 않다.

교육훈련의 다음 이야기는 당나라 시절 활동했던 중국의 대표적

문장가이자 유학자인 한유韓愈가 남긴 앞의 글귀와 관련 있다. 하루에 천 리를 달린다는 천리마千里馬는 어느 시대에나 있지만, 그 천리마를 알아보고 훈련시킬 수 있는 백락伯樂이라고 하는 사람은 좀처럼 찾기 힘들다는 뜻이다.

중국 춘추 시대의 말 감별사인 손양은 명마를 가려내는 안목이 가히 신神의 경지에 도달하여 사람들이 그를 존중하여 백락이라고 불렀다고 한다. 중국 초나라 왕이 백락에게 천리마를 구해오라고 명하고 백락은 천리마를 구하기 위해 길을 떠난다. 명마名馬의 고장인 연나라와 조나라를 살펴보고 제나라도 가보았지만, 천리마를 찾지 못했다. 아쉬움에 초나라로 돌아오던 백락은 무거운 소금 수레를 끌고 오르막길을 오르며 힘이 들어 가쁜 숨을 몰아쉬고 있는 한 마리 말을 발견하였다. 불쌍하여 가까이 다가가 자세히 살펴보니 그토록 찾아 헤맸던 천리마였다. 백락은 말 주인에게 그 말을 헐값에 사서 초나라로 돌아갔다. 그러나 초나라 왕의 눈에 그 말은 볼품없는 늙은 말로만 보였다. 언짢아하는 초나라 왕에게 백락은 "보름의 시간을 주어 정성을 다해 여물을 주면 천리마의 모습을 회복回復할 것"이라고 했고 반신반의半信半疑했던 왕도 한번 기다려보기로 했다. 백락은 가장 좋은 마구간에서 질 좋은 사료를 먹이며 보름을 살뜰히 보살폈다. 과연 며칠이 지나니 말은 몰라보게 건장健壯해졌다. 이를 본 초나라 왕이 몹시 기뻐하며 천리마에 오르자 말은 순식간에 천 리를 달렸다고 한다. 훗날 초나라 왕은 그 천리마를 타고 전쟁에서 승승장구하며 수많은 전공戰功을 쌓아 이름을 떨쳤다.

여러분이 데리고 있는 부하 중에 지금은 비루하게 보이지만 흉중

胸中에는 천리마가 될 자질을 가진 사람이 있을 수 있다. 지금 당장은 별 볼 일 없어 보이고 발전 가능성發展 可能性이 없는 것 같지만 그 부하가 미래 대한민국 국군을 끌고 갈 천리마일 수 있다는 것이다. 그가 천리마인지 아닌지 어떻게 알 수 있을까? 역시 교육훈련을 통해서 알 수 있다. 또한, 그 부하를 교육훈련을 통해 천리마로 만들 수 있는 것이다. 천리마도 백락의 눈에 안 띄면 말라비틀어진 채 소금장수의 마차를 끄는 말로 마생馬生이 끝났을 것이다. 마찬가지로 여러분이 천리마 같은 인재를 집에서 짐이나 나르는 말로 취급해 제대로 교육훈련을 시키지 않으면 그냥 집 말로 끝날 수밖에 없는 것이다. 이러한 상급자의 역할과 활동을 다른 말로 표현하면 바로 '간부 정예화幹部 精銳化'라고 한다. 지금부터 여러분이 이 시대의 백락이 되어서 교육훈련을 통해 대한민국의 미래를 짊어질 천리마를 만들어낼 수 있기를 바란다.

나는 '千里馬常有 伯樂不常有'라는 글귀를 매우 좋아한다. 내가 합동군사대학교 총장으로 있을 때 교관(교수) 임무를 수행하는 부하들의 생일 축하 선물로 그가 학생장교들을 교육하는 모습을 찍어 액자로 제작하여 줬는데 액자 밑에다 "이 시대의 진정한 백락이 되기를!"이라는 글을 써주었다.

마지막으로 교육훈련은 불가능을 가능하게 만드는 것이다. 나는 교육훈련을 통해 모든 것이 이뤄질 수 있다고 생각한다. 2016년 브라질 리우 올림픽이 끝나고 이어서 열린 패럴림픽Paralympics 남자 육상 100미터 T44, T43 결승전에서 2012년 영국 패럴림픽 100미터

우승자優勝者인 영국의 조니 피콕이 1등으로 결승선決勝線을 통과해 패럴림픽 남자 육상 100미터 2연패를 달성하였다.

'T44, T43'은 장애 등급을 말하는데 절단 및 기타 장애를 갖고 있는 장애인障碍人 이들은 스포츠 의족을 착용하고 경기에 참가한다. 조니 피콕이 100미터를 몇 초秒에 뛰는지 아는가? 2012년 런던 패럴림픽 경기 때는 10초 90을 기록했고, 2016년 리우에서는 10초 81에 뛰었다. 조니 피콕만 대단한 것이 아니라 함께 경기를 했던 장애인 선수들 대부분이 11초대에 100미터를 주파走破했다. 꼴찌는 미국의 닉 로저스라는 선수였는데 그의 기록이 11초 33이었다.

여러분은 100미터를 얼마에 뛰는가? 우리 같은 일반인들과 비교해보면 이들은 인간의 한계를 극복하고 상상도 할 수 없는 기록을 거두고 있는 것이다. 이 장애인 선수들은 무엇을 통해서 이런 엄청난 성과를 얻었을까? 훈련을 통해서 불가능을 가능하게 만들었다. 그것도 그냥 주먹구구식 훈련이 아니라 과학적이고 합리적인 방법으로 최첨단 스포츠 의족을 맞추고 실수를 줄여가면서 마치 의족義足이 자기 몸의 일부인 것처럼 자신에게 최적화시켜가는 피나는 훈련 덕분에 그런 놀라운 성적을 거두었다. 장애인도 가능한데 하물며 우리 같은 사지 멀쩡한 사람들이 교육훈련을 통해 이루지 못할 게 뭐가 있겠는가?

군대 교육훈련의 특성은 반복 숙달反復 熟達이다. 자다 일어나도 그 동작을 할 수 있어야 하고 적의 총탄과 포탄이 빗발치는 상황에서도 배운 동작을 완벽完璧하게 해내야 한다. 그렇기 때문에 사격술 예비 훈련(PRI)을 "피가 나고, 알이 배기고, 이가 갈린다"고 말하지 않는가? 지휘관 시절 정말 안 될 것 같은 임무나 평가도 반복 숙달의 결과로 성공적으로 달성한 기억들이 많다. 교육훈련을 통해 나를 변화시키고 조직을 변화시켜보자.

군인이 애국하는 세 번째 방법은 부대관리部隊管理를 잘 하는 것이다. 내가 부대관리를 강조하는 이유는 "사고 내지 마라, 사고 터져 언론에 나지 않도록 하라"는 것 때문이 아니다. 부대관리를 잘해야 전투준비戰鬪準備가 되기 때문이다. 교육훈련과 마찬가지로 부대관리도 전투준비 차원에서 접근해야 한다.

예를 들어 어느 대대에서 그제는 병사 한 명이 자살해서 죽고, 어제는 차가 뒤집혀 다섯 명 죽고, 오늘은 사격을 하다가 오발로 사격장射擊場에 불이 났다면, 그 대대는 전투준비 즉, 'Fight Tonight'이 가능하겠는가? 상식적으로 봐도 불가능할 것이다. 그 대대장은 전투준비는 고사하고 지금 당장 이 사고들을 어떻게 해결할까에 모든 관심이 쏠릴 테고 부대원들은 사고 뒤처리와 각종 조사, 진단 활동診斷活動에 투입되느라 본연의 전투 임무를 수행할 여력이 없을 것임은 너무나 자명하다.

부대관리는 크게 두 분야로 나누어 생각해야 한다. 첫째는 "내가 책임지고 있는 모든 인적자원人的資源을 잘 관리하여 화합·단결된 부대로 만들어서 오늘 밤이라도 전투에 투입하라고 명령하면 출동出動할 수 있느냐?" 하는 것으로 우리는 이것을 '인적 준비태세'라고 한다. 둘째는 내가 가지고 있는 물자, 장비, 탄약 등 모든 것이 지금 당장 전투에 돌입할 수 있도록 준비되어 있어야 하는데 이것을 '물적 준비태세'라고 한다. 예를 들어 사령관이 예하 연대에 비상非常을 걸어 전방으로 출동을 지시했는데 연대의 전투차량戰鬪車輛이 정비 整備가 잘 안 되어 있거나 연료를 주입해놓지 않아 100대 중 절반만 움직인다고 하면 이 연대는 부대관리 중 물적 준비태세가 갖춰지지 않은 부대라고 평가받는 것이다. 또한, 앞서 얘기한 것처럼 막 입대한 이등병으로부터 대장까지 모든 장병과 군무원들이 '상하동욕上下同欲*'하는 부대를 만들어 '할 땐 꽉! 쉴 땐 푹!' 한다면 이 부대는 인적 대비태세를 잘 갖춘 부대라고 할 수 있겠다.

이 모든 것이 총합된 부대관리의 모습을 통해 군인의 존재 가치인 완벽한 전투준비에 한 발짝 더 다가설 수 있는 것이다. 보병중대만 하더라도 100명이 넘는 장병들로 이루어져 있다. 대대, 연대, 사단을 관리하는 데 어찌 이런저런 사고가 없겠는가? 사고 내지 말라는 저차원적 목적低次元的 目的 때문에 부대관리를 강조하는 것이 아니다. 여기에서 오해의 소지가 없기를 바라는 마음에서 첨언添言한다면, 전투준비에 치명적致命的인 사고는 절대로 있어서는 안 된다는 점을 유념해야 한다.

군인의 애국심이 발휘되어야 하는 가장 이상적인 곳은 전투 현장일 것이다. 그러면 군인은 무슨 이유로 자신이 죽을 수도 있는 전투에 기꺼이 참여하는 것일까? 나는 '그 이유가 단지 애국심과 명령을

---

* 《손자병법》 '시계'편에 "上下同欲者勝" 즉, 위에서부터 아래까지 모든 이가 같은 마음을 먹으면 승리한다고 하였다.

이행해야 한다는 책임감責任感에만 있는 것인가?'에 대해 늘 궁금증을 갖고 있었던 차에 합동군사대학교 총장 시절 남재준 전前 육군참모총장님께서 중령 지휘관리과정 학생들을 대상으로 하신 강연을 듣고 나서 해답을 찾았다. 그분의 지적재산권知的財産權이지만 인용하는 것을 승인하셨기 때문에 소개한다.

남 전 총장님은 '삼신三信' 즉, 3가지 믿음 때문이라고 설명했다. 군인들은 죽으려고 전쟁터에 나가는 것일까? 아니다. 반대로 그들은 죽지 않을 것을 믿기 때문에 전투에 참여하는 것인데, 다음의 3가지가 믿음의 근거根據라는 것이다.

첫 번째는 상관에 대한 믿음 때문이다. 다른 상관은 잘 모르겠지만 우리 상관의 능력과 인품을 봤을 때 저 사람과 함께하면 나는 죽지 않을 것을 믿고 전투에 참여한다는 것이다.

두 번째는 자기 부대와 전우에 대한 믿음 때문이다. 다른 부대는 모르겠지만 우리 부대, 내 전우와 함께라면 전투에 나가서 죽지 않을 것이라는 믿음이 있기 때문에 전쟁터로 나간다는 것이다.

세 번째는 자기 자신에 대한 믿음 때문이다. 다른 사람은 모르겠지만 나는 훈련을 통해 충분하게 전투 기술戰鬪技術을 숙달하고 있어 절대 안 죽을 것이라고 믿을 만한 자신감이 있기 때문에 전투에 기꺼이 참여한다는 것이다.

삼신이 있어야만 군인들이 기꺼이 전쟁터로 간다는 사실을 아는 것은 그리 중요하지 않다. 더 중요한 것은 여러분 부하가 자신의 전투 기량을 믿고 전투에 참여할 수 있도록 그들을 충분히 훈련시켰는지, 또 자기 부대와 전우를 확실히 믿고 전쟁터에 갈 수 있도록 만들었는지, 마지막으로 내 부하가 나의 능력과 인품을 믿고 기꺼이 전쟁터로 갈 수 있도록 그들에게 믿음을 주었는지 늘 스스로에게 물어야 하고 그 질문에 주저 없이 "예"라고 답할 수 있어야 애국하는 군인인 것이다.

지금까지 애국에 대한 이야기를 했다. '위국헌신 군인본분'이란 말로 대변代辯되는 군인의 애국하는 길과 '전투준비, 교육훈련, 부대관리'라고 하는 조금 더 구체적인 실천사항實踐事項을 소개했다. 군인 여러분과 앞으로 군인이 될 당신이 이 장만은 꼭 마음속에 새겨주었으면 하는 바람이다.

내가 군 생활에 필요한 모든 것을 화랑대花郎臺에서 배웠다고 했을 때의 '모든 것'은 군인에게 요구되는 능력과 자질資質 전부를 말한 것이 아니다. 그런 것을 사관학교에서 다 배웠다면 임관시켜서 바로 참모총장으로 임명해야 하지 않겠는가? 내가 모든 것을 배웠다는 말은 군 생활의 알파요 오메가라고 할 수 있는 애국의 개념을 배웠다는 뜻이다. 그리고 41년 군복무軍服務를 한 후에 느낀 것은 애국이 군 생활에 필요한 모든 것이었다는 점이다.

애국을 실천한
어느 공군 대령의 일기

　공사 38기인 고故 오충현 대령은 공군사관학교를 수석首席으로 졸업한 수재였으며 남다른 공군 사랑을 보였던 멋진 군인으로 기억되는 인물이다. 또한 비행시간飛行時間이 2,792시간이나 되는 베테랑 조종사였다. 중령이었던 그는 2010년 3월 2일, 신참 조종사의 비행훈련飛行訓練을 돕기 위해 F-5 전투기에 동승했다가 43세라는 꽃다운 나이에 추락사고墜落事故로 순직殉職하여 대령으로 추서追敍되었다. 오충현 대령이 애국을 실천한 군인으로 우리의 뇌리에서 잊히지 않는 이유는 그가 1992년 12월, 한 동료 전우의 장례식장에 다녀오면서 마치 18년 후에 있을 자기의 죽음을 예언豫言이나 한 듯 유언처럼 쓴 일기가 뒤에 공개되었기 때문이다. 참 군인의 애국하는 마음이 절절히 느껴지는 글이어서 소개한다.

내가 죽으면 내 가족은 내 죽음을 자랑스럽게 생각하고
담담하고 절제된 행동을 했으면 좋겠다.
장례는 부대장部隊葬으로 치르되,
요구사항과 절차는 간소하게 했으면 한다.

또 장례 후 부대장部隊長과 소속 대대에
감사 인사를 드리고,
돈 문제와 조종사의 죽음을 결부시킴으로써
대의를 그르치는 일은 일절 없어야 한다.
조국이 부대장을 치러주는 것은
조종사인 나를 조국의 아들로 생각하기 때문이다.
그러니 가족의 슬픔만 생각하지 말고
나 때문에 조국의 재산이 낭비되고
공군의 사기가 실추되었음을 깊이 사과해야 한다.

군인은 오로지 충성만을 생각해야 한다.
비록 세상이 변하고 타락한다 해도
군인은 조국을 위해 언제 어디서든
기꺼이 희생할 수 있어야 한다.

그가 말하는 충성은 국가와 국민에 대한 끝없는 자기희생自己犠牲
이었다. 그것이 군인이 애국하는 길이라는 점을 목숨을 버리는 순간
까지 기억하던 참 군인 우충현 대령을 보면 애구이 수탈에 신음하
는 백성들과 조선이라는 나라를 구하기 위해 자기 목숨을 던지며
애국을 실천한 충무공 이순신의 향기香氣가 느껴진다.

사랑할 대상인 대한민국을 아는 게 애국의 첫걸음이다

    요즘 우리나라에서는 애국이라는 단어를 마치 보수수구保守守舊 꼴통들이나 얘기하는 주제로 인식하는 경향이 있는 것 같다. 대한민국이 민주주의 사회로 발전하고 개인주의가 사회에 만연蔓延하면서 인간으로서 개인의 가치와 이상을 실현하는 것만이 지상 최고의 과제가 된 듯하여 한편으로 씁쓸한 기분도 든다. 개인의 가치와 이상을 실현하는 것이 나쁘다는 뜻은 결코 아니다. 균형감각均衡感覺을 가지고 문제를 다루어야 함을 이야기하는 것이다.

---

* 데카르트가 말한 "나는 생각한다. 고로 존재한다."는 라틴어로 "Cogito, Ergo Sum."인데 'COGITATIO'는 'Cogito'의 명사형으로 영어 'COGITATION'의 어원이다.

사단이라는 부대는 육군이 수행하는 모든 기능을 다 가지고 있는 조직이다. 당연히 논산의 육군훈련소처럼 신병교육을 책임지는 신병교육대대新兵教育大隊도 편성되어 있다. 내가 사단장 시절에 아무리 바빠도 빼지 않고 거의 매달 한 번씩 했던 것이 신병 정신교육精神教育이었다. 이제 막 입대한 청년들에게 어떤 마음으로 군복무를 해야 하는지, 남들과 함께 사는 법을 배우는 것이 어떤 의미가 있는지를 직접 가르쳐주고 싶어서였다.

사단장의 정신교육이라면 모두 딱딱하고 재미없을 것이라는 선입견을 가지고 들을까 봐 교육 내용 중에 그들이 입대한 이후 사회의 재미있는 사건·사고들을 소개해주고, 중간에는 당시 최고 인기였던 걸그룹의 동영상動映像도 틀어주곤 했던 기억이 있다.

그러나 내 교육의 핵심은 군인의 신분으로 전환된 우리 청년들에게 이제부터 목숨을 버려 사랑해야 할 자기들의 조국 대한민국을 제대로 알려주는 것이었다. 교육을 준비하면서 요즘 청년들이 대한민국에 대하여 아는 것이 너무나 적고 피상적皮相的이라는 사실을 파악하고 매우 당황스러웠다. 입시 위주 교육의 폐해로 여겨지지만, 우리나라의 역사歷史와 정통성正統性에 대해 거의 교육을 받아보지 않았다. 심하게 표현하면 국적을 취득하려고 우리 역사를 배우는 외국인과 비슷하다고 해야 할까. 그런 병사에게 나라를 사랑해야 한다고 말하면 어떤 마음이 들까? '남이 다 가는 군대이니 오기는 했다만 나라와 나랑 무슨 상관이야.' 하지 않을까.

나는 우리 병사들이 군 생활을 통해서 사랑해야 할 대상에 대하여 제대로 알고 있어야 한다는 생각으로 조선 말기의 상황으로

우리가 지켜야 할 대한민국의 어제와 오늘

부터 선조들의 독립獨立을 위한 투쟁, 광복 후 건국 과정建國 過程과 6·25전쟁의 폐허 위에서 한강의 기적을 이룬 산업화産業化와 민주화民主化를 실현한 우리의 자랑스러운 역사를 중점적으로 강의하였다. 우리 대한민국이 세계에서 가장 가난한 나라 중 하나에서 어떻게 지금의 10대 경제대국으로 성장해왔는지, 광복 후 북한의 8분의 1에 불과했던 우리 국력國力이 어떻게 지금처럼 북한의 44배 우위를 이루게 되었는지를 설명하였다. 한편으로는 그러한 역사의 발전과정에서 군이 수행하였던 중요한 역할을 강조하면서, 신병들의 할아버지께서 지켜내셨고 아버지가 발전시켜온 이 나라를 이제는 신병 여러분이 지켜야 한다는 점을 주지시켰다.

내가 사단장으로 애국하는 길 중의 하나는 내 부하들이 애국의 대상인 대한민국을 제대로 알게 하는 것이라 생각했으며 교육을 통하여 나의 애국을 실천하였다.

━━━━

슬픔도 노여움도 없이 살아가는 자는
조국을 사랑하고 있지 않다.
— 네크라소프

체력體力

육체적 활동을 할 수 있는 몸의 힘

전승을 위한 강한 정신력은 오롯이 그가 지닌 체력에 비례하여 발휘된다.

제2차 세계대전의 영국군 영웅으로 1942년 연합군 제8군 사령관으로서 북아프리카 전선을 맡아 롬멜이 지휘하던 독일군을 엘 알라메인에서 격파擊破하여 북아프리카 전역에서 승기를 마련한 몽고메리 원수는 아래와 같이 말했다.

사기가 아무리 높더라도 장병들의 체력이 부족하면 전투에서 이겨내기 어렵다. 사기와 체력은 긴밀한 관계가 있다.

군인의 존재 가치는 국가와 국민을 보호하는 데 있다. 국가와 국민을 제대로 보호하기 위해서는 먼저 적이 감히 덤벼들지 못하도록 억제抑制할 수 있는 능력과 태세를 갖추어야 하며, 만약 억제가 실패할 때에는 적과 싸워 반드시 이겨야 한다. 적과 싸워 이기기 위한 여러 가지 요소가 있지만, 기본 중의 기본은 체력이다.

2014년 방송되었던 인기 드라마 〈미생未生〉을 기억하는가? 인기 웹툰을 드라마로 제작한 것인데, 바둑이 인생의 모든 것이었던 주인공 장그래가 프로기사 입문에 실패한 후 냉혹한 현실에 던져지면서 벌어지는 이야기를 그려 공전의 히트를 쳤었다. 나는 극 중에서 체력의 중요성을 강조하는 대사들이 특히 기억에 남는다.

> 이루고 싶은 게 있다면 체력을 먼저 길러라.
> 당신이 종종 후반에 무너지고,
> 데미지를 입은 후에 회복이 더디고,
> 실수한 후 복구가 더딘 이유는 다 체력의 한계 때문이다.
> 체력이 약하면 빨리 편안함을 찾게 되고 그러면 인내심이 떨어지고 또 그 피로감을 견디지 못하면 승부 따위는 상관없는 지경에 이른다.
> 이기고 싶다면 고민을 충분히 견뎌줄 몸을 먼저 만들어야 한다.
> 정신력은 체력의 보호 없이는 구호밖에 안 되는 것이다.

하기야 군인의 길을 걷기 시작하는 모든 이들, 병사부터 장교에 이르기까지 모든 장병은 체력검정, 체력측정, 체력단련 등 체력과 관련된 말을 정말 많이 듣고 있으며, 체력단련에 대한 부담감도 상당한 것이 현실이다. 윗몸 일으키기, 팔굽혀 펴기, 3킬로미터 달리기는 육군 체력검정 종목體力檢定 種目들이다. 연령에 따라 등급의 요구사항이 조금씩 달라진다. 사실 예전에는 3킬로미터 달리기 대신 1.5킬로미터를 달리기도 했고 수류탄 던지기, 제자리 멀리뛰기, 100미터 달리기 등 여러 가지 검정 종목이 있던 때도 있었다.

윗몸 일으키기, 팔굽혀 펴기, 3킬로미터 달리기 등 현재 시행하고 있는 평가 종목이 과연 전장戰場에서 요구되는 체력을 단련하는 기준으로서 적합한지는 의문이다. 전 세계 군대 중에서 실전 경험이 가장 많고 지금 이 시간에도 지구상 어디에선가는 전투를 수행하고 있을 미군은 실전에서 체력이 얼마나 중요한지를 뼈저리게 경험하고 전장에 특화特化된 체력훈련을 강조하고 평가하고 있음을 감안하여 우리도 발전방안을 모색해야 할 것으로 본다.

2002년 한·일 월드컵 본선 경기를 앞두고 우리나라 축구 국가대표팀은 후반 종료後半 終了 10분에서 15분 어간於間에 와르르 무너지는 고질적인 문제점을 드러냈었다. 그러면서도 대표 팀이 소집되어 훈련한다고 하면 호흡을 맞춘다, 집중 프로그램이다 해서 체력에 그리 비중을 두지는 않는 듯했다. 다른 나라들이 모두 보유하고 있던 체력 전문 트레이너인 피지컬 코치조차 없었고 체계적인 체력관리 프로그램도 변변치 않았다. 그러던 것이 히딩크가 지휘봉을 잡으면서 바뀌었다. 체력훈련이 기본이 된 것이다. 그의 체력훈련은 지옥 그 자체였다고 당시 국가대표 선수들은 지금도 입을 모아 얘기한다. 왜 히딩크는 다른 모든 것에 앞서 체력강화에 방점傍點을 두었을까? 드라마 〈미생〉에서처럼 정신력은 체력의 보호 없이는 구호밖에 안 되는 것임을 알고 있었기 때문이 아닐까? 정신력과 투지鬪志만큼은 단연 세계 최고였던 대한민국 축구에 지칠 줄 모르는 체력을 덧붙이자 월드컵 4강의 신화神話를 창조하게 된 것이다.

2018년 초에 온 국민을 환호하게 하며 신드롬을 일으킨 청년이 있었다. 테니스의 불모지不毛地라는 오명汚名을 쓰고 있던 우리나라 테니스계에 나타난 신성新星 정현 선수가 바로 그이다. 멜버른에서 열린 호주 오픈 테니스 시합에서 전前 세계 1위인 조코비치를 상대로 누구도 예상치 못한 세트 스코어 3:0으로 이긴 후에 로드 레이버 코트에서 가진 인터뷰에서 정현은 "내가 조코비치보다 훨씬 어리기 때문에 5세트까지 간다 해도 체력에서는 자신이 있었다"라고 말했다. 많은 사람이 젊은 청년의 발랄潑剌한 인터뷰라고 칭찬하였지만 나에게는 스포츠 선수로서 가장 기본인 체력의 중요성과 그것을 바탕으로 한 필승의 신념信念으로 들렸다. 어느 종목이든지 그 분야에서 대성大成하려면 기초체력이 강해야 함은 만고의 진리이다.

이라크 자유화 작전과 아프간에서 항구적 자유 작전에 참여한 미군 병사들의 절반 이상이 과도한 육체적 긴장과 수면 부족睡眠 不足, 전장의 각종 스트레스로 인해 전장 공포戰場 恐怖를 체험했다고 진술했는데, 이는 전장 환경으로 인해 전투원이 받는 스트레스와 공포를 표현해주는 단적인 예이다. 이러한 스트레스와 불확실성不確實性이 지배하는 전장 환경을 극복할 수 있는 육체적 강인함이 요구되는 이유이다.

체력을 언급하면서 함께 말해야 할 것이 더 있는데 평소 건강한 신체를 유지하기 위한 건강관리健康管理이다. 군인의 체력이 곧 전투력으로 나타나는 것은 앞에서 설명한 바와 같지만, 이것은 군인이 자기 임무를 수행할 정도로 건강하다는 것을 전제前提하고 있음을 알아야 한다. 우리 주변을 보면 건강에 소홀한 장병들을 쉽게 찾을 수 있다. 군인이 건강해야 하는 이유는 오래 살기 위한 개인적인 욕심 때문이 아니라 언제라도 전투에 투입될 태세를 갖추기 위함이다.

군인은 함부로 아파서도 안 되는 존재이다. 다른 나라와 월드컵 결승전을 앞둔 대한민국 축구 국가대표 주공격수主攻擊手가 자기관리自己管理를 잘못하여 시합 당일 심한 독감에 걸려 경기에 출전할 수 없다면 그건 누구의 잘못일까? 코칭 스테프가 일정 부분을 책임져야 하겠지만 근본적으로는 선수 본인이 컨디션 조절을 잘못한 책임을 감당해야 함이 맞다. 군인도 마찬가지이다. 국가대표 군인이 축구선수와 다른 한 가지는 경기 시간競技 時間이 미리 정해지지 않았다는 것뿐이다. 군인에게 매년 신체검사身體檢査를 받도록 하는 이유도 언제 있을지 모르는 국가대표 간의 건곤일척(乾坤一擲, 운명을 걸고 단판의 승부를 겨룸) 승부를 준비하면서 예상치 못한 전투력의 손실損失을 방지하기 위함이다. 평소 철저徹底한 자기관리로 최상의 몸 상태를 유지하고, 훈련장과 생활공간 속에서 청결한 위생衛生을 습성화하는 것은 전투준비와 다를 바 없는 중요한 활동이다. 또한, 정기적으로 진료診療를 받아 자기의 건강 상태를 늘 확인하는 것은 비단 개인적인 문제뿐만 아니라 조직을 위한 구성원의 책무責務라는 의식을 가져야 한다. 해도 좋고 안 해도 상관없는 게 아니라 반드시 해야 하는 것으로 알아야 한다.

실전적 체력단련이
가져다준 승리

 육군이 실전과 가장 유사한 훈련 환경을 만들어주기 위하여 역점을 두고 추진한 사업이 육군 과학화전투훈련단陸軍 科學化戰鬪訓練團을 만든 것인데, 야전에서는 통상 줄여서 KCTC 훈련*이라고 부른다. 강원도 홍천의 산악지대 약 3,600만 평에 자유기동自由機動이 가능한 훈련장을 설치하여 북한군 전술을 자유자재로 활용하며 싸우는 전문 대항군 대대專門 對抗軍 大隊와의 한판 승부는 총과 포를 실제로 쏘지 않는 것을 제외하고는 실전實戰과 똑같이 진행된다.

---

* KCTC(Korea Combat Training Center) 훈련은 마일즈 장비를 활용하여 실전에 근접한 모의전투를 구현한다.

IT 기술을 활용하여 실 전장을 느끼게 하는 과학화 훈련

2005년에 처음으로 대대급 전투훈련을 시행한 이래 지금까지 수많은 대대가 이곳 훈련장을 다녀갔지만, 전문 대항군 대대와의 전투에서 승리한 경우가 별로 없는데, 가장 큰 이유는 두 부대 사이의 체력 차이體力差異라고 평가된다. 전문 대항군 대대는 험준한 산악지형을 능수능란하게 극복하면서 장기간 임무를 수행할 수 있는 반면에 훈련 부대들은 초기의 체력을 끝까지 유지하지 못하는 경우가 대부분이기 때문이다. 이러한 문제는 비교적 평지에 위치한 3군 예하의 부대들이 KCTC 훈련에 참가할 경우에 더 두드러진 것으로 확인되었다.

육군은 매년 그해의 KCTC 훈련 우수 부대를 선발選拔하는데 훈련장과 지형적으로 유사한 조건을 갖는 1군 예하의 대대들이 영광을 차지하곤 했다. 육군에서 우수하게 평가받은 대대장들이 후일담으로 풀어놓은 훈련 성공의 비결秘訣을 들어보면 반드시 엄청난 체력훈련을 했다는 게 포함된다. 몇 개의 산을 넘더라도 임무수행이 가능하도록 훈련시키기 위해 모든 대대원을 지역 마라톤 대회에 참가토록 한 대대장, 매주 주변의 1,000고지를 산악행군山岳行軍함으로써 대대원의 체력을 높인 대대장들. 이들은 자기가 할 수 있는 모든 다양한 방법을 동원하여 대대원의 체력을 향상시켰음에 주목해야 한다.

체력이 바탕이 안 되는
정신력은 허망하다

나는 체력적으로 그리 우수한 편은 아니었다. 내가 이렇게 말하면 나와 함께 근무하였던 부하들은 내가 거짓말을 한다고 말할지도 모른다. 그러나 냉정히 평가해서 나의 체력은 그저 평균平均보다 조금 나은 정도라는 게 정확한 평가이다. 체력은 섭생攝生에 따라 많은 영향을 받는데 내가 성장하는 과정에서 고단백질을 풍족하게 먹을 수 있는 형편이 아니었기에 그 영향이 조금은 있을 것으로 본다. 남들이 내가 체력이 좋은 것으로 착각하는 이유는 한편으로는 남보다 강한 훈련을 통해서 나를 단련鍛鍊시키려 노력하였기 때문이고 다른 한편으로는 지기 싫은 성격에 '악과 깡'으로 버틴 것이 그리 보였을 수도 있으리라 생각한다.

사관학교를 졸업하고 초등군사반을 이수한 다음에 처음으로 배치받은 곳은 백마 9사단 수색대대다. 요즘도 사단 수색대대는 그 사단에서 가장 정예精銳의 장병들로 이루어져 있지만, 내가 수색대대로 갔을 당시에는 수색대대에 관심이 높으신 사단장께서 특별히 대대장에게 새로 오는 육사 출신 소대장陸士 出身 小隊長의 선발권을 주시면서 마음에 드는 장교들을 뽑아 가라고 하셨다. 그때에는 사단 수색대대가 창설된 지 얼마 안 되어서 모든 면에서 기틀을 잡아갈 시기였기 때문에 대대장이 우수한 소대장을 원하는 것은 당연한 일이었다. 선발하러 온 대대 인사장교가 수색대대에 어울리는 장교를 뽑는 게 아니라 사단에 같이 전속된 8명 중에서 군번이 가장 빠른, 다시 말해서 육사 졸업 성적卒業 成績이 가장 좋은 두 명을 지명하였는데 첫 번째가 나였다. 소총중대에서 소총소대장을 꿈꾸던 나에게는 청천벽력靑天霹靂과 같은 일이었고 더더욱 수색대대에서 몸으로 때울 일을 생각하니 암담하였지만, 초임 소위가 어디에 하소연할 수도 없어 수색대대로 가게 되었다.

소대장으로 보직되면서 매일 새벽에 남들보다 먼저 일어나서 한 일은 혼자만의 새벽 구보驅步였다. 사관학교를 졸업하였으니까 당연히 기본적인 체력이야 갖추었지만, 대대에 와서 들으니 매주 수요일에 30킬로그램 완전군장 10킬로미터 구보를 하는데 평균 소요시간所要時間이 46분이라는 게 아닌가. 1시간 정도라면 어느 정도 하겠는데 이건 내 예상치를 훨씬 넘는 수준이었다. 측정測定하는 방법도 대대 정문에 모든 소대를 모아 놓고, 1중대 1소대부터 3중대 3소대까지 3분의 간격을 두고 출발을 시키니 1중대 1소대로 가장 먼저 출발한 우리 소대가 다른 소대에 추월追越이라도 당하면 개망신이 아닌 가? 그것도 새로 부임한 소대장 때문에 추월당했다는 소리를 들을 수 있나고 생각하니 답답하였다. 새벽에 한 개인훈련個人訓鍊 딕에 첫 번째 구보에서 낙오落伍하지는 않았지만, 소대장답게 소대를 이끌면서 완전군장 구보完全軍裝 驅步를 하지 못한 것은 지금 생각해도 좀 창피하다. 아직 만나고 있는 옛 우리 소대원들은 완전군장 구보를 하면서 힘들어하던 소대장을 흉보며 나를 놀리곤 한다.

초급장교와 같이 고급장교들에게도 강인한 체력이 요구된다. 다만 초급장교처럼 근력筋力이나 민첩성, 지구력 같은 육체적인 강건함보다는 정신적인 스트레스 속에서도 자기 자신을 명징明澄하게 유지할 수 있는 내면적 체력內面的 體力이 중요하다고 하겠다. 그러나 이런 내면적 체력도 결국은 어느 정도의 육체적 체력단련이 수반隨伴되어야 함은 두말할 필요가 없다.

군 생활을 한 간부들에게 가장 어려운 훈련이 무엇이냐고 물으면 많은 사람이 전투지휘훈련BCTP*을 꼽을 것이다. 내가 BCTP를 처음으로 접한 게 소령 때 육군대학 전술학 교관을 하면서 우리나라에서 최초로 실시한 사단급 BCTP 사후 검토事後 檢討를 준비하는 것이었으니 이 분야에서는 나름 전문가적인 식견이 있다고 자부하고 있었다. 그러한 능력을 인정받아 연대장을 1년만 하고 군단 작전참

---

* BCTP(Battle Command Training Program)는 사단급 이상의 지휘관과 참모들을 훈련시키기 위해 컴퓨터 모의기법으로 진행되는 가상 전투훈련이다.

모軍團 作戰參謀로 뽑혀갔는데 그 배경에는 군단 BCTP가 코앞에 닥친 상황이었다. 군단 BCTP는 통상 공격과 방어 2개 부로 진행된다. 먼저 1부 방어작전防禦作戰은 거의 50여 시간을 단 1초의 쉴 여유도 없이 진행하고, 잠시 행정 전환 시간을 가진 다음에 2부 공격작전攻擊作戰을 30여 시간 하는 체제이다. 군단 작전의 주무 참모主務參謀인 작전참모는 훈련 전全 기간에 거의 잠을 못 자는 게 정상적이었으며 나도 당연히 그렇게 해야 한다고 생각했다. 훈련을 앞두고 나 스스로 컨디션을 조절하면서 장시간에 걸쳐 진행될 훈련에 대비하기 위하여 만반의 준비를 하였는데, 막상 훈련이 진행되면서 받는 엄청난 스트레스와 주무 참모로서 받는 중압감은 상상 이상이었다. 방어 작전이 거의 끝나가던 단계에서는 비몽사몽非夢似夢 간에 내가 무슨 보고를 하는지도 모를 정도로 정신이 혼미昏迷해지기도 하였다. 평소에 보던 작전참모의 모습과 너무 다른 나의 행태를 보시고 마음씨 좋으신 군단장님께서 "작전참모는 지금 당장 가서 쉬어라"는 지시指示를 하셨다. 처음에는 괜찮다고, 얼마 안 있으면 방어가 끝나니 그때 쉬면 된다고 말씀드렸지만 군단장님의 태도가 워낙 강경強勁하셔서 잠시 쉬고 온 사이에 1부 작전이 종료되는 황망한 경험을 한 적이 있다. 2부 공격작전 간에는 틈틈이 휴식休息을 취함으로써 1부에서의 잘못을 반복하지 않았다.

실전도 아닌 군단 BCTP를 통해서 전장에서 받는 스트레스가 얼마나 크며 그런 환경 속에서 올바른 상황 판단을 하기가 얼마나 어려운지를 직접 체험하였는데, 실제 전장이라면 지휘관이 받는 정신적 고통이 얼마나 클까를 생각해본다.

컴퓨터 모의로 지휘관 및 참모의 전투지휘능력을 높이다.

미국의 힌 취업 사이트에서 매년 매기는 스트레스 많이 받는 직업 순위에서 군인이 1위를 차지했다. 소방관이 2위, 조종사가 3위였다. 군인의 스트레스가 높은 이유는 전쟁이 가지고 있는 속성屬性으로부터 기인한다고 본다. 독일의 군사 전략가 클라우제비츠가 말했듯이 전쟁은 본질적으로 육체의 피로와 마찰을 수반한다. 실제 전투에 돌입하면 밤낮없이 전투나 행군이 계속될 수 있고 보급이 원활치 않거나 극한적 기상 상황極限的 氣象 狀況에서도 전투가 지속될 수 있다. 인간의 한계를 초과하는 가혹한 전투 상황은 스트레스를 넘어 정신적 공황 상태恐慌 狀態까지 유발하고 아울러 급변하는 전장 상황은 정상적인 판단을 어렵게 만든다. 전투에 임하는 모든 장병에게는 전장 환경을 극복할 수 있는 내적 강인함이 요구되며, 지휘관들은 장병들의 전투 의지를 고양高揚시킬 수 있도록 부대를 실전적으로 훈련시키는 것이 매우 중요하다.

건강한 신체에 건강한 정신이 깃든다.

— 쿠베르탱

극기克己

자기의 감정이나 욕심 따위를 의지로 눌러 이김

나를 이기기 위해서는 나를 제대로 알아야 한다.

육군 특수전사령부特殊戰司令部와 해군 해병대海兵隊에서는 일반 국민 대상으로 매년 '특전 캠프'와 '해병대 캠프'를 연다. 특전사와 해병대 캠프 운영의 본래 목적은 미래 우수 자원優秀 資源의 입대를 유인誘引하기 위한 것이다. 그러나 유료 프로그램인데도 크게 사랑을 받으며 많은 국민이 참여하고 있다. 특히 1997년 전군 최초로 시행된 해병대 캠프는 2016년 현재 3만 4,000여 명의 수료자를 배출한 인기 프로그램으로 인식되고 있다.

왜 많은 사람이 돈을 내가면서 극한의 상황을 자원하여 체험하려는 것일까? 그것은 아마도 극한의 육체적·정신적 한계 상황限界狀況 속에서 자신을 이겨내는 체험을 통해 평소 당연하게 여겼던 것

특전사 캠프에서 자기의 한계를 시험한다.

들에 대해 다시 한번 생각해보며 자신과 주변 사람의 소중함을 느끼려는 목적 때문일 것이다. 여기서 우리는 '극기체험' 또는 '극기훈련'이란 단어를 사용한다. 자기를 이기는 체험 즉, 나를 이기는 체험을 함으로써 새로운 나, 더 큰 나를 찾는다는 의미를 담고 있다.

숨 막히는 고통도 뼈를 깎는 아픔도
승리의 순간까지 버티고 버텨라
우리가 밀려나면 모두가 쓰러져
최후의 5분에 승리는 달렸다
적군이 두 손 들고 항복할 때까지
최후의 5분이다 끝까지 싸워라

'극기克己'하면 제일 먼저 떠오르는 것이 육체적인 한계 상황에서 나를 이겨내는 것이다. 위에 인용한 것은 군가 〈최후의 5분〉의 가사이다. 삶과 죽음을 결정하는 순간, 적과 아군 모두가 극한의 상황에서 숨 막히는 고통과 뼈를 깎는 아픔을 느끼는 지금, 어느 쪽이 좀 더 참고 견뎌 이겨내는가 하는 문제는 작게는 개개인의 생명을, 크게는 한 국가의 존망을 결정하기도 한다. 육체적 극기는 어찌 보면 체력과 긴밀한 관계에 있다. 육체적 극한 상황肉體的 極限 狀況을 극복하기 위해서는 강인한 체력을 길러야 한다. 스포츠 활동을 통해 이러한 순간을 맛볼 수 있긴 하지만 군인은 교육훈련을 통해서 극기하는 방법과 능력을 배운다. 이와 관련된 이야기는 '체력'장에서 충분히 다뤘으므로 여기서는 바로 다음 단계로 넘어가고자 한다.

군 생활을 하며 이겨야 할 4가지 유혹

가톨릭 용어에서 극기는 육체상의 욕망을 금하는 금욕이나, 방종放縱하지 않도록 욕망을 제어하는 절제節制와 같은 말로 사용된다. 이는 제 욕심을 스스로의 의지로써 억눌러 이기는 고신극기苦身克己를 말하기도 한다. 지금부터 말하는 게 내가 생각하는 진정한 극기다. 비단 군인만의 문제는 아니겠지만 계급 고하階級 高下를 막론하고 많은 군인이 개인의 욕심과 충동, 감정을 이겨내지 못해 그 본분本分을 다하지 못하고 어떤 이들은 중도中途에 가던 길을 바꿔야 했고, 어떤 이들은 군 생활 내내 그 결과를 큰 짐으로 안고 살아야 했으며, 또 어떤 이들은 불명예스러운 처벌處罰을 받는 것을 종종 보아왔다. 지금까지의 경험을 통해서 군 생활을 하는 동안에 반드시 신경쓰고 조심하지 않으면 안 된다는 걸 꼽으라면 술, 이성, 돈이다. 여기에 화火를 추가한 4가지가 군인이 이겨내야 할 유혹誘惑이라고 느껴내 생각을 적는다.

첫째는 술酒이다.
한국 사회, 특히 군대 문화軍隊 文化의 특성상 술은 필요악必要惡인 측면이 있다. 과거에는 술을 잘 마셔야 군 생활을 잘하는 사람이라는 말을 듣기도 하였다. 술 때문에 일 못한다는 소리를 듣지 않으려고 죽음(?)을 각오하고 소위 필름이 끊길 때까지 잘 마시지도 못하던 술을 억지로 마셨던 때를 생각하면 지금도 씁쓸하다. 사실 적당히 마시는 술은 부대 및 개인의 단결과 화합에 긍정적 효과肯定的 效果를 주기도 한다. 하지만 사람에 따라 여러 분야에서 능력의 차이가 있듯이 개인의 주량酒量도 제각각 다르고, 좋아하는 술의 종류도 다양하기 때문에 윗사람이 자기의 취향趣向과 기준에서 술을 강권強勸하는 것은 적절치 않다는 점은 분명하다.

어떠한 경우이든 자신의 주량을 넘어선 음주는 분명 독이 된다. 음주 운전, 성희롱, 상관 모욕, 폭행, 강도 등 군과 관련된 사건·사고를 분석해보면 술이 직간접적인 원인을 제공하는 경우가 대다수이다. 군의 근무 환경이 다른 조직과 비교하여 고립적이며 여건 상 자주 술을 마실 수 있는 형편이 아니므로 한번 마시면 폭음暴飮하는 경향이 있는 것도 하나의 요인이 되겠지만, 더 중요한 것은 아직도 우리 군인들이 자기를 통제하는 절제력節制力이 부족하다는 점이다. 술을 마시더라도 일정한 양이나 시간을 정해놓고 즐거운 가운데 그 안에 종료終了할 수 있도록 음주 문화飮酒 文化를 개선해야 한다. 건전한 음주와 관련하여 현재 군에서 추진하는 여러 운동이 서서히 자리를 잡아가는 만큼 음주 문화의 변화를 기대해본다. 최근에는 술과 유사한 것들인 마약痲藥이나 향정신성 의약품向精神性 醫藥品 등도 문제가 될 소지가 커지고 있으니 이러한 유혹에 넘어가지 않도록 자기관리를 철저히 해야 한다.

둘째는 이성異性이다.

여자는 남자를, 남자는 여자를 조심해야 한다. 그렇다고 이성 자체를 문제라고 보라는 말은 절대 아니다. 이성 간의 건전한 교제는 사람으로서 당연한 권리이고 오히려 권장勸奬할 사항임이 분명하다. 내가 조심하라는 것은 사회적 통념社會的 通念을 벗어나는 유혹이다. 사람 성격에 따라 다르겠지만 어떤 이들은 이성에 빠져 자기 본분을 잊는 경우가 있다. 이것은 바람직하지 않다. '점프'라는 용어를 아는가? 이것은 영화나 만화책 제목이 아니다. 군인들이 자신에게 허용된 외출·외박 지역*을 불법으로 벗어나는 것을 뜻하는 은어隱語이다. 주로 사랑하는 이성 친구를 만나기 위해서 점프를 한다. 잘못 점프하다 평생 씻을 수 없는 오점을 남길 수 있다. 또한, 결혼하고 나서 불륜不倫을 저지르거나 불법적인 성매매性賣買를 하는 경우도 있다. 가장 작은 집단인 가정도 못 지키는 자가 어찌 부대와 국가를 지킬 수 있겠는가? 생리적 욕구를 성매매로 해결하는 것은 엄연히 범법 행위이다. 또 어떤 이들은 미인계에 빠져 국가의 중요한 비밀을 팔아 먹기도 했다. 순간의 잘못으로 모든 것을 잃는 결과를 초래하지 않도록 자신을 잘 통제해야 한다.

이성 간의 문제를 언급함에 있어서 한 가지 측면을 더 보아야 한다. 그것은 군 내에서 동료同僚로 함께 근무하는 이성에 대한 올바른 의식을 갖는 것이다. 남자 군인이 대다수를 차지하던 군대에 여

---

* 장병들의 외출과 외박 시에 부대 내규에 정한 일정한 지역 밖으로 나가지 못하게 하던 이 제도가 인권을 제한하는 소지가 있어 폐지하는 방향으로 검토되고 있다.

성 인력의 진출이 점점 증가하면서 이미 여군女軍 1만 명 시대를 넘어섰으며 국방 개혁 방침에 따라 여성의 비율이 앞으로 더욱 증가할 것으로 전망된다. 그간 양성 평등 교육 등 성 인지력 향상性認知力向上을 위한 많은 노력을 기울여 과거에 비해 좋아지고 있지만 남자 군인이나 여자 군인 모두가 상대를 이성으로 대하지 말고 진정한 동료, 전우로 대하는 올바른 성문화性文化가 정착되도록 더욱 유념해야 한다. 성性과 관련된 극기의 사례가 있어 소개한다.

《연려실기술燃藜室記述》을 보면 조선 선조 때의 역관譯官 홍순언과 관련한 이야기가 나온다. 그가 중국 연경燕京으로 가는 길에 압록강변 통주에 이르러 청루靑樓에서 놀다 자태姿態가 유난히 아름다운 한 여인을 보고 하룻밤을 함께하려 하였다. 그런데 그 여인이 소복을 입고 있어 그 이유를 물으니 벼슬하던 부모가 병으로 죽어 고향으로 옮겨 장례葬禮를 치르려는데 자식이라고는 자기 혼자인 데다 가진 돈도 없어 부득이 몸을 파는 것이라고 하며 목메어 울었다. 이에 홍순언이 불쌍히 여겨 장례 비용으로 공금公金 중에서 300금을 주고 그 여인을 품는 것은 참았다. 그 후 홍순언은 환국還國하였으나 공금을 유용한 죄로 여러 해 감옥에 갇혔다.

당시 조정의 주요 현안主要 懸案 중의 하나가 이성계의 족보가 명나라의 법전法典에 엉뚱하게 기록되어 있는 것을 올바로 고치고자 한 '종계변무宗系辨誣' 문제였다. 이 문제를 해결하기 위해 조선의 사신들이 명나라에 다녀왔으나 200년이 지나도록 해결을 보지 못하자 선조가 대노大怒해서 이번에 가서도 허락받지 못하면 수석 통역관의 목을 베라고 명했다. 다급해진 역관들이 옥獄에 있던 홍순언의 빚진 돈을 갚아주고 중국에 갈 것을 권하자 그는 흔쾌히 허락했다.

명나라 예부시랑(禮部侍郎, 지금의 외교부 차관급) 석성의 후실後室이 된 그 청루의 여인은 홍순언에게 보은報恩의 예를 보이고 종계변무 문제뿐만 아니라 후일 임진왜란 때 명군이 파병派兵될 수 있도록 하는 데도 큰 힘이 되었다 한다. 하룻밤의 육체적 쾌락을 참는 결과가 이럴지니 자기를 이기는 것은 참으로 중요하다.

세 번째는 돈(錢)이다.

자본주의 사회資本主義 社會에서 돈은 개인의 사회적 신분과 능력을 나타내는 척도尺度다. 오죽하였으면 어느 경제학자가 "돈은 사랑과 함께 인간의 가장 큰 기쁨의 근원根源이며, 죽음과 함께 인간의 가장 큰 두려움과 근심謹審의 근원이다"라고 하였겠는가? 요즘의 우리 사회는 돈이면 사람 목숨까지도 살 수 있다는 생각이 들 정도로 물질만능주의物質萬能主義에 빠져 있다.

사회의 축소판인 군대도 사회의 분위기가 똑같이 전달될 수밖에 없으므로 금전金錢의 유혹에 빠지지 않고 이기는 것이 군인에게 매우 중요한 사안이 되었다. 존경받는 위치에 있던 사람이 돈의 유혹을 못 이겨 어렵게 쌓아올린 명망名望을 한순간에 잃고 몰락沒落하는 경우를 종종 본다.

나는 군인이란 직업이 돈을 버는 것과는 절대 상관없는 직업職業이라고 단언한다. 나의 군 생활이 그랬고 앞으로도 그럴 것이라고 생각한다. 부모로부터 막대한 유산을 상속相續받지 않는 한, 군인의 경제력은 봉급을 절약하여 착실하게 저축하고 미래에 대비하는 건전한 경제 활동經濟 活動 수준 정도야 가능하겠지만 그 수준을 넘어서기는 쉽지 않을 것이다. 따라서 군인은 돈을 헤프게 쓰면 안 된다. 그리고 돈 무서운 줄을 알아야 한다. 즉 경제 관념經濟 觀念이 확실해야 한다는 것이다.

여기저기서 쉽게 돈을 빌려 자기 인생에 별로 도움이 되지 않는 것들, 예를 들어 술이나 여자, 또는 도박 등에 쓰다가 그 이자가 눈덩이처럼 불어나 스스로 감당이 안 되어서 결국 사랑하는 군복을 벗게 되는 지경까지 이르는 경우가 종종 있다. 돈을 쉽게 벌려고 하는 순간, 돈의 유혹에 빠진다. 군인이 군 생활 동안에는 금전적 유혹金錢的 誘惑에 빠지지 말고 자기 직무에 충실하라고 국가와 국민이 보내주는 물질적 성원物質的 聲援이 타 연금보다 많은 군인연금軍人年金이다. 군인연금에 국민 세금 지원이 너무 많다는 의견이 일부 있지만, 군인들의 위국헌신에 대한 정당한 수혜受惠라고 국민이 인식할 수 있도록 우리에게 부여된 과업을 충실하게 수행하면 그러한 문제들은 자연히 해결될 것으로 믿는다.

지금까지 사적인 영역에서의 돈에 관하여 이야기하였다면 이제부터는 공금公金에 대한 개념을 이야기하겠다. 군인은 직책과 계급에 따라 많든 적든 국민의 세금으로 만들어진 국방비國防費를 쓰게 된다. 예산豫算 운용에 있어서 가장 중요한 것은 예산을 항목에 맞추어 투명하고 정확하게 집행하는 것이다. 예산을 낭비하거나 사적으로 쓰는 일이 절대 있어서는 안 된다. 공과 사의 명확한 구분이 있어야 한다는 말이다.

지금까지도 많은 사람은 자기의 군 생활 경험을 가지고 군이 예산을 사적으로 쓰고 있다는 선입견을 가지고 있다. 내 친구들도 나 정도의 계급이면 가족과 내가 먹는 밥이며 반찬까지 부대에서 공짜로 가져다 먹는 것으로 종종 말하곤 하였으니 더 할 말도 없다. 그럴 경우, 나는 그들의 잘못된 확신을 바로잡아주기 위해 "지금 당신이 먹는 밥은 내 사비私費로 사주는 것이다. 공금은 부대와 부하를 위하여 쓰도록 되어 있는데 당신이 내 부하가 아니지 않느냐. 만약 당신이 당장 내 부하가 된다면 이것을 공금으로 처리할 테니 그렇게 하겠느냐?"며 진담 반 농담 반의 교육(?)을 하곤 하였다. 물론 오래된 자기 경험을 믿고 지금도 그러리라고 짐작하는 내 친구의 잘못도 크지만, 그들이 그런 생각을 갖도록 만들었던 과거 우리 군의 후진성後進性에 더 큰 책임이 있다는 점을 말하고 싶다. 공과 사를 명확하게 구분하여 예산을 집행하는 것은 정의正義의 문제이기도 하다.

마지막으로 말하고 싶은 것은 화火다.

"웃음소리가 나는 집에는 행복이 와서 들여다보고, 고함소리가 나는 집에는 불행이 와서 들여다본다"는 말이 있다. 단지 가정만 여기에 해당하는 게 아니다. 조직도 다르지 않다. 우리나라 사람 특히 남자들에게 화는 일상적 활동日常的 活動 정도로 인식되는 경우가 많다. 화가 머리끝까지 치밀어 이것저것 재지 않고 인격을 모독冒瀆하는 막말을 해대거나 입에 담지 말아야 할 욕설, 심한 경우엔 폭행까지 일삼는 경우를 종종 보았다.

젊은 친구들의 경우는 화보다는 혈기血氣라고 하는 게 더 맞는 증상症狀을 보이기도 한다. 근거 없는 자신감에 하지 않아도 될 것, 해서는 안 되는 것을 너무나 과감하게 행동에 옮기는 경우가 있다. 자살을 시도하는 경우나 폭행 사고를 일으킨 장병들을 조사하다 보면 젊은 혈기로 인하여 분노 조절憤怒 調節이 잘 안 되고 있다는 점을 쉽게 발견할 수 있다. 참을 '인忍' 자 셋이면 살인도 막는다고 했다. 화가 나는 경우 그 장소, 그 상황을 피하는 지혜를 발휘하는 게 좋다. 일단 최소한의 시간이라도 확보하여 마음을 추스르면 분노는 자연히 잦아드는 법이니 이러한 방법을 강력하게 권하고 싶다.

특히 군대의 경우 지휘관이 화를 낸다는 것은 결코 좋지 않다. 불같이 화를 내고 매우 큰소리로 사자후獅子吼를 터트려야만 지휘관으로서의 정당성을 인정받는 것이 아니다. 법정法頂 스님께서 "입안에는 말이 적고, 마음에는 일이 적고, 뱃속에는 밥이 적어야 한다"고 말씀하셨는데, 말이 적은 것을 맨 먼저 거론擧論하신 이유와 '적어야 할 말'이 무엇인가를 곰곰이 생각하고 자기를 돌아보면 많은 도움이 될 듯하다.

나는 화를 내는 사람을 하수下手 중에 최하수로 본다. 나도 한때는 다혈질多血質의 성격으로 화를 잘 내는 편이었는데, 계급이 높아지면서 화를 잘 내는 사람은 그가 아무리 업무적으로 완벽한 사람이라 할지라도 부하의 마음을 절대로 얻을 수 없다는 것을 뼈저리게 체험하였다. 그래서 나는 연대장을 하면서 '화내지 말자'를 나의 비밀스러운 지휘중점指揮重點—공식적인 연대장 지휘중점이 아니라 나에게 한 약속으로서의 지휘중점을 의미함—으로 삼았다. 더 나아가 사단장 시절부터는 내가 드나드는 출입문에 "이 방에 들어오는 사람이 나갈 때 더 행복할 수 있게"라는 글귀를 붙여놓고 어떤 보고를 받더라도 화를 내지 않도록 나에게 최면催眠을 걸었다. 그렇게 하더라도 모든 일이 다 잘 돌아간다. 차가운 분노憤怒가 화보다 훨씬 더 무서운 법이라는 것을 부하들이 더 잘 안다.

어찌 군 생활하면서 조심해야 할 유혹들이 이 4가지뿐이겠는가 마는 가장 기본적인 것들이면서도 쉽게 이겨내지 못하는 경우를 많이 보았기에 구구절절句句節節 기록했다.

공직자인 군인의 극기는 자기관리의 영역이다. 진정한 극기는 현재의 자신이 싫어서가 아니라 현재의 자신도 괜찮지만 새로운 자신으로 변화하는 것을 의미한다. 매 순간 끊임없는 자신에 대한 관조觀照와 성찰省察이 필요하다. 참된 극기는 욕망을 거부하지 않으며 단지 바르게 선택할 뿐이다. 우리는 욕망에서 달아날 수 없다. 그러므로 유혹에 저항抵抗하지 말고 그것에서 돌아서야 한다. 진리를 향해 돌아서고, 진리를 닮지 않은 모든 것들을 외면하면 된다. 공자의 사상을 한마디로 요약하면 '극기복례克己復禮'라고 하였던 이유도 극기가 인간이 해야 할 가장 중요한 행위라고 공자 또한 말씀하셨기 때문이다.

우리는 통상 "지휘관은 외롭다"는 말을 자주 한다. 그 말은 반대로 '지휘관은 혼자 있는 시간이 많다'라는 의미이기도 하다. 극기의 또 다른 의미는 혼자 있을 때 잘하는 것을 뜻한다. 부하나 상관 등 다른 사람의 눈치를 보아야 할 때는 행동이 반듯한 사람이 자기 혼자 있을 때 전혀 그렇지 못한 경우를 자주 접한다. 아무도 자기를 통제하는 사람이 없는 곳에서 반듯한 자아自我로 존재하는 사람이 진정한 극기인克己人이다. 이러한 행동을 '신독愼獨'이라고 부르는데 혼자 있을 때 더욱 삼간다는 말이다. 안중근 의사께서도 비슷한 경구를 유묵遺墨으로 남기신 바가 있다. "계신호기소부도戒愼乎其所不睹." 아무도 보지 않는 곳에서 경계하고 삼가라. 이 말을 빌려서 여러분에게 권고하고 싶은 말은 혼자 있을 때 다른 행동 하지 말고 책을 읽으라는 것이다. 미 국방장관國防長官 메티스는 해병대와 결혼했다고 하는 독신자獨身者로 홀로 있는 시간에 독서를 즐겨하여 엄청난 지력을 가지고 있다는 평가를 받는데, 얼마나 절제된 생활을 했으면 그의 별명이 'Warrior Monk(修道僧 戰士, 수도승 전사)'이겠는가?

승부勝負의 세계에서 이기고 싶은 욕망은 누구에게나 있을 것이다. 특히 개인의 입장에서는 생사를 다투고, 국가의 입장에서는 존망을 걸고 싸우는 전쟁을 염두에 두고 있는 군인들은 패배라는 단어를 거의 죽음과 동의어로 받아들이는 경향이 강하다. 사소한 체육대회體育大會에서조차 지는 것을 싫어하다 보니 이에 따른 부작용도 만만치 않다. 승부의 세계에서 졌을 때 어떻게 나를 이길 것인가를 생각하면 극기의 또 다른 수준에 도달할 수 있으리라 생각한다.

세계적으로 유명한 윔블던 테니스 코트의 센터 코트에는 다음과 같은 문구가 새겨져 있다고 한다.

If you can meet with triumph and disaster and treat those two impostors the same.

"IF YOU CAN MEET WITH TRIUMPH AND DISASTER
AND TREAT THOSE TWO IMPOSTORS JUST THE SAME"

윔블던 센터 코트 입구에 써놓은 문구가 인상적이다.

만약 네가 승리와 패배라는 놈들을 만나더라도 이 사기꾼들을 동등하게 대할 수 있다면.

이 글귀는 영국의 시인 키플링이 아들의 12살 생일에 선물로 지어준 시詩인 〈만약에If〉에 나오는 구절 중의 일부다. 가장 숨 막히는 결전을 앞둔 선수들이 경기장에 들어가기 전에 보라고 승부와 관련된 부분만을 따로 떼어내어서 입구 문지방에 써놓았다고 한다.

이렇게 시적으로 극기를 표현할 수 있다니 부러울 따름이다.

극기로 역사를
만든 사마천

역사적으로 극기의 표본標本이 되었던 사람을 꼽으라면 누가 있을까? 나는 자신을 이겨낸 사람 중에 사마천司馬遷만한 사람이 없다고 본다.

사마천은 중국 최초의 역사서인 《사기史記》의 저자이다. 그는 중국 한나라 무제 시절에 태사령太史令이 되어 천문天文, 역법曆法과 도서圖書를 관장했다. 기원전 99년에 무제의 명으로 흉노匈奴를 정벌하러 떠났던 이릉 장군이 패전하여 포로가 된 사건으로 모든 신하가 이릉 장군의 가족들을 능지처참陵遲處斬할 것을 주장하였으나 사마천은 흉노의 포위 속에서 부득이하게 투항하지 않을 수 없었던 이릉 장군을 변호辯護하였다. 그러다 보니 흉노와의 전투에서 이릉 장군을 지원하지 않은 이광리 장군을 비난하게 되었는데, 이광리는 무제가 총애寵愛하던 후궁 이 부인의 오빠였다. 당시 이 부인은 왕자를 하나 남기고 죽었으나 남겨진 가족들에게 작위를 하사하고 싶었던 황제는 그녀의 오빠 이광리를 장군으로 삼아 흉노 정벌 총대장總隊長으로 명하여 전공戰功을 세울 기회를 주었다. 그러나 애당초 많은 군사를 통솔統率할 인물이 못 되었던 이광리는 이릉 장군을 선봉으로 삼아 병력 5,000명으로 먼저 적을 공격하게 했다. 하지만 이릉 장군이 너무 깊숙이 진격한 탓에 8만의 흉노군에 포위되어 8일 동안 대적하였으나 구원병도 없는 상황에서 중과부적衆寡不敵으로 항복하게 되었던 것이다. 사실이 이러함에도 불구하고 사마천이 이릉 장군을 변호하자 황제인 무제의 노여움을 사게 되어서 황제 무망죄(誣罔罪, 무고죄와 비슷함)로 사형선고死刑宣告를 받게 되었던 것이다.

당시 법에 따르면 사형을 면할 수 있는 길은 금전 50만 전을 바치거나 궁형(宮刑, 생식기를 제거하는 형벌)을 당하는 것이었다. 궁형을 받고 구걸하듯 목숨을 부지한 자는 사람 축에도 끼지 못했기 때문에 당시 사람들은 궁형을 죽음보다 불명예스럽게 여겼다. 오늘날 5억 원 정도 하는 돈 50만 전을 구할 수 없었기에 죽느냐, 아니면 궁형을 당하느냐 둘 중 하나를 선택해야 했다. 사마천은 대장부大丈夫답게 명예롭게 죽고 싶었으나 아버지의 유지遺志를 차마 떨쳐버릴 수 없어 궁형을 선택한다. 궁형을 받는다는 소문이 돌자 친구인 임안 장군이 감옥으로 그를 찾아왔다. 조용히 독약을 내놓는 친구 임안에게 사마천은 세차게 고개를 흔들며 단호하게 거절했다. 임안이 화를 내며 목숨에 연연하는 까닭을 물었으나 먼 훗날 말하겠다며 아무런 변명도 하지 않았다.

여러 해가 흐른 후 임안 장군은 누명陋名을 쓰고 역적으로 몰려 사형을 당하게 되었다. 사마천은 친구인 임안에게 먼 훗날 말하겠다고 한 목숨을 부지한 까닭을 적어 보낸다. 바로 '보임소경서報任少卿書'이다. 《사기》 열전 70편 끝자락 '태사공자서太史公自序'에 나온다.

천한 노비와 하녀조차도 스스로 목숨을 버릴 수 있다. 나 또한 그렇게 하려 했다면 언제든 그리할 수 있었다. 그러나 그 고통과 굴욕을 참아내며 구차하게 삶을 이어갔던 까닭은 가슴속에 품고 있는 오랜 바람이 있어 비루하게 세상에서 사라질 경우 후세에 문장을 전하지 못하게 됨을 안타깝게 여겼기 때문이다. 만약 이 저서가 완성되어 명산에 보관되고 각지의 선비들에게 전해질 수 있다면 나의 이 치욕도 충분히 씻게 될 것이라 생각한다.

이 편지에서 사마천은 《사기》를 저술하기 위해 세상의 경멸輕蔑과 자신의 자괴감自愧感을 꾹 참았음을 분명히 밝히고 있다. 그동안 가슴속에 담아 두었던 울분의 심경을 비장悲壯하게 적었다.

사마천

박경리

그대는 사랑의 기억도 없을 것이다.

긴 낮 긴 밤을 멀미같이 시간을 앓았을 것이다.

천형 때문에 홀로 앉아 글을 썼던 사람

육체를 거세당하고 인생을 거세당하고

엉덩이 하나 놓을 자리 의지하며

그대는 진실을 기록하려 했는가?

《토지》의 작가 박경리 선생은 사마천의 심정을 그 자신보다 더 잘 알았던 듯싶다. 선생의 시를 읽다 보면 마치 사마천의 편지를 읽는 듯한 착각에 빠진다.

어찌 보면 이 책에서 제시하는 모든 덕목을 나의 것으로 실천하는 데 있어서 가장 중요하게 작용할 것이 바로 극기가 아닐까 한다. 단순히 나를 이겨내는 것, 남을 이기기 위해 나 자신을 이기는 것이 아니라 나 자신을 이해하고 그 이해를 바탕으로 좀 더 나은 존재로서 나를 만들기 위해 노력하는 그 땀방울 하나하나가 극기의 궁극적 모습이 아닐까 한다. 그런 사람이 작게는 자기 국가와 민족을 위해, 크게는 인류와 역사에 나름의 족적足跡을 남길 수 있으리라고 생각한다.

작은 욕심이
나를 눈멀게 한다

극기란 자기를 어떤 방향으로 끄는 부정不正한 힘에 대항하여 그 쪽으로 끌려가지 않고 그것을 물리친 상태가 되는 것을 의미한다. 부끄럽지만 내가 나의 욕심을 버리고 나를 이겨낸 사연事緣이 있어서 소개한다.

나는 대령 때 합참의 해외파병과장을 하였다. 지금도 해파과는 바쁜 부서 중 하나로 유명하지만 내가 과장으로 근무할 때에는 실로 업무에 치여서 살았던 시절이었다. 오죽하면 집사람이 나에게 "북한도 아닌데 새벽 별 보고 나가서 저녁 달을 보며 들어온다"는 푸념을 하였을까. 이라크 자이툰 부대의 단계적 철수段階的 撤收와 연계하여 완전한 철수 준비, 레바논 동명부대의 창설과 파병 추진, 아프간에서 발생한 폭탄 테러로 희생된 고故 윤 하사 문제의 후속 조치 등 크고 작은 일들이 쉼 없이 생겼던 것으로 기억된다.

그중에서도 가장 기억에 남는 것이 아프간에서 발생한 한국인 인질 사태韓國人 人質 事態였다. 2007년 7월 분당의 모 교회에서 아프간으로 선교 여행宣敎 旅行을 떠났다가 극렬한 테러 단체인 탈레반 조직에게 납치되는 사건이 벌어져 온 국민의 초미焦眉의 관심사가 되었으며 모든 언론이 이와 관련된 뉴스를 다루느라 난리도 아니었다. 국외에서 자국 국민에 대한 테러 등이 발생할 경우에 정부의 주무 부처主務 部處는 외교부이고, 국방부는 가능한 능력 범위 내에서 조력하는 것이 매뉴얼에 나와 있는 업무 처리 지침이었다. 합참 해파 과장은 국방부 담당 부서를 지원만 하면 되는 게 상례인데 아프간에 우리 파병부대인 다산·동의부대가 주둔駐屯하고 있고 그 부대들을 해파과가 통제하는 관계로 자연히 업무의 주도권主導權이 해파과 장인 나에게로 넘어와서 내가 국방부를 포함한 정부 부처 사람들을 통제하면서 이 사태를 처리하게 되었다. 어떤 수단과 방법을 동원하여 상황을 파악하고 청와대靑瓦臺의 NSC에 보고했으며, 회의를 통해서 우리의 대응책을 어떻게 발전시켰는지 등에 대한 자세한 내막內幕을 모두 말하는 것은 적절치 않아 생략하지만, 안타까운 소수의 인명 피해자를 뺀 나머지 국민을 안전하게 귀국시키는 데 나와 해파과가 어느 정도 역할을 한 점을 평생의 영광으로 여기고 있다.

인질들이 귀국하고 사태가 안정된 후에 정부의 논공행상論功行賞이 있었다. 당시 나의 직속상관이었던 합참 작전부장이 하루는 나를 불러서 아프간 사태 해결에 가장 공이 많으니 훈장을 받으라는

⑧ 동아일보

정부, "선교 아닌 봉사활동" 탈레반 설득

기사입력 2007-07-24 04:05

[동아일보]

■ 정부, 아프간과 협상대응 공조

"종교 활동이 아닌 순수 봉사 활동을 하기 위해 간 것이다."

정부가 한국인 23명을 아프가니스탄에서 납치한 탈레반 무장 세력과의 직간접적 접촉 과정에서 중요하게 내세우는 논리 가운데 하나는 피랍된 한국인들이 기독교 신자이기는 하지만 종교적인 목적이 아닌 봉사 활동을 위해 아프간을 찾았다는 점이다.

정부는 20일 이 사건이 언론을 통해 알려진 직후부터 피랍자들의 방문 목적과 관련한 언론 보도에 촉각을 곤두세웠던 것으로 알려졌다.

사건 발생 장소가 기독교에 대한 거부감이 큰 이슬람 국가인 만큼 피랍자들이 기독교 선교를 위해 아프간을 방문한 것으로 알려지면 그 자체가 피랍자들의 안전에 위험 요소가 될 수 있기 때문이다. 납치 세력과의 인질 석방 협상 과정에 '불필요한 자극'을 줄 수 있다는 것이다.

---

⑨ 연합뉴스

<아프간 피랍> 국방부 "한국인·한국군 아프간서 의료활동"

기사입력 2007-07-23 15:21 최종수정 2007-07-23 16:50

김영석 대장 인터뷰하는 알자지라 방송

알자지라 방송과 긴급인터뷰서 강조

(서울=연합뉴스) 김귀근 기자 = 국방부가 아프가니스탄에서 납치된 한국인들이 선교활동이 아니라 의료봉사 활동을 위해 아프간을 방문한 것이었음을 적극 강조했다.

국방부 해외파병팀장인 김영석(육사37기) 대령은 23일 오후 국방부 브리핑 룸에서 알자지라방송과 긴급인터뷰를 갖고 "납치된 한국인들은 선교활동이 아니라 의료봉사 활동 중이었다"며 "아프간에 파병한 한국군도 전투부대가 아니라 아프간을 위해 의료진료와 재건지원을 수행하고 있다"고 소개했다.

그는 이어 "한국 국방부는 미군과 나토(북대서양조약기구)군, 아프간 군 및 아프간 정부와 직접 접촉을 하지 않고 있다"며 "한국 정부대표단이 현지에서 아프간 정부를 통해 협상을 진행 중"이라고

아프간 우리 국민 인질 사태를 보도하는 언론 기사

말을 하였다. 사실 그 이전까지 훈장을 받은 적이 없었기 때문에 처음에는 솔직히 귀가 솔깃하였었다. 그런데, 얼마 전에 있었던 장군 심사에서 진급이 결정되어서 장군將軍의 반열에 오르는 영광을 얻은 내가 그것으로 충분히 보상을 받았다고 생각해야지 진급에 더하여 훈장까지 챙기는 것은 올바르지 않다는 생각이 머리를 스쳤다. 그래서 부장께 "나는 진급으로 충분하니 나와 같이 고생한 부하 중에서 금년도 대령 진급이 안 된 사람에게 주는 것이 좋겠다"는 건의建議를 하고 물러 나왔다. 내심 해파과에서 나와 같이 40여 일 동안 밤을 새운 우리 과원 중 한 명에게 훈장이 갔으면 하였지만, 나중에 아프간 현지로 파견派遣 나가서 미군과의 협조를 담당했던 모 중령이 훈장을 수여 받았다는 것을 듣고 나서 과원들에게 미안했던 게 기억에 남는다.

자기 자신을 통제할 수 없는 사람에게
다른 사람을 통제하는 일을 맡길 수 없다.
— 로버트 리

정의正義

진리에 맞는 올바른 도리

애국심 다음으로 아니 그와 동일하게 필요한 것

아리스토텔레스가 "정의正義란 그에 의해 각자가 자기의 것을 취하며, 법法이 정하는 바대로 하는 미덕이고 반면에 부정의란 그에 의해 누군가가 남의 재물財物을 취하고 법에 따라서 하지 않는 것"이라고 규정한 이래로 '각자에게 그의 것'이라는 단어가 정의를 대변하는 것으로 간주看做되고 있지만, 여전히 정의란 무엇인가의 논쟁은 치열하다. 그런 중에 미국의 철학자 존 롤스는《사회정의론》에서 현대적 정의의 개념을 비교적 상세히 제시했는데, 그는 사회제도의 제1 덕목이 정의라고 하면서 정의의 원칙들을 평등한 최초의 입장에서의 합의의 대상으로 여기고 이러한 방식을 '공정公正으로서의 정의'라고 부르고 있다. 롤스는 자유롭고 평등한 사회를 정의로운 사회라고 일컫는다.

존 롤스 이후 정의 분야의 세계적 학자로 평가받고 있는 마이클 샌델이 지은 책《정의란 무엇인가》는 하버드대학교 학생들 사이에서 현재까지 약 20년 동안 최고의 명강의名講義로 손꼽히는 그의 수업 내용內容을 책으로 펴낸 것이다. 이 책은 미국에서는 10만 부 남짓 팔리는 정도였으나 한국에서는 2010년 삼성경제연구소가 'CEO가 휴가철에 반드시 읽어야 할 책'으로 선정하는 등 당시 100만 부 이상이 팔리며 서점가書店街를 강타했다. 저자가 한국을 방문해 직접 강연講演도 했는데 이 또한 크게 인기를 끌었다. 다른 나라에서는 별로 인기가 없었던 이 책이 유독 한국에서 크게 인기를 끈 것에 대해 〈월스트리트저널〉은 "한국 국민이 공정성公正性에 대한 욕구가 크다는 것을 시사한다"고 분석하기도 했다.

샌델은《정의란 무엇인가》에서 정의를 판단하는 3가지 기준基準으로 행복, 자유, 미덕을 들었다. 즉, 정의가 사회 구성원의 행복에 도움을 줄 수 있는지, 혹은 사회 구성원 각각의 자유로움을 보장할 수 있는지, 아니면 사회에 좋은 영향으로 끼쳐야 하는지로 정의로움을 결정할 수 있다고 보았다. 시장경제 체제에서 각각의 판단 방식은 그 장점과 단점이 존재하므로 저자는 일상생활에서 발생하는 각종 사례와 역사적인 철학가들의 가르침을 통해 각각의 정의로움에 대한 판단을 보여주고 있다.

지금까지 정의正義라는 문제를 철학적 정의定義로 풀어냈더니 글이 매우 무거워졌다. 분위기를 바꿔보자.

기원전 559년부터 530년까지 페르시아 제국의 부흥復興을 이끈

하버드대학교에서 강의하는 마이클 샌델 교수

키루스 대왕의 이야기다. 고대 그리스의 역사가이자 소크라테스의 제자인 크세노폰이 페르시아의 키루스 2세 대왕의 일대기를 기록한 《키로파에디아(키루스의 교육)》이라는 책을 저술著述하였는데 그와 관련된 일화를 소개한다.

키루스 대왕은 페르시아에서 태어나 성장하였다. 페르시아 인근의 큰 나라였던 메디아의 왕은 키루스의 외할아버지였다. 한번은 오랜만에 자기를 방문한 외손자에게 "외할아버지가 좋으냐? 페르시아 사람인 너희 아버지가 좋으냐?"고 물었다. 이때 키루스는 아주 현명하게 답했다. "메디아에서는 외할아버지가 제일 좋고, 페르시아에서는 아버지가 제일 멋집니다." 그는 어렸을 때부터 머리가 비상했던 모양이다.

페르시아에서 외손자가 왔으니 메디나 왕은 자신의 궁궐에서 큰 잔치를 베풀었다. 온갖 산해진미山海珍味가 그 앞에 펼쳐졌다. 이때 키루스는 외할아버지에게 다음과 같이 물었다. "할아버지, 제가 이 음식을 다 먹어도 되나요? 제 마음대로 이 음식들을 처리해도 되나요?" 할아버지는 당연히 그렇다고 대답했다. 그러자 키루스는 옆에 있던 친구들과 그리고 처음 보는 하인들에게 모든 음식을 나누어 주었다. 그 모습에 외할아버지는 이 키루스가 장차 큰 인물이 될 것을 느끼게 되었다.

함께 왔던 어머니와 다시 페르시아로 돌아가게 됐는데 키루스는 따라가지 않겠다고 했다. 할아버지 곁에서 군주로서 갖추어야 할 것들을 더 배우고 싶었던 모양이다. 그래서 남게 되는데 어머니가 고향으로 돌아가기 전에 아들에게 물었다. "정의는 어떻게 배울 것이냐?" 그러자 키루스는 어머니에게 이렇게 대답했다. "어머니, 저는 페르시아에 있는 선생님으로부터 정의에 대한 충분한 교육을 받았습니다. 한번은 선생님께서 이런 문제를 냈습니다. '어떤 덩치 큰 소년이 작은 옷을 입고 있었는데, 덩치가 작은 소년이 큰 옷을 입고 있는 것을 발견했다. 그래서 그의 옷을 빼앗아 자기가 입고 자기의 옷을 그에게 입혔다. 정의가 실현되었는가?' 저는 그 사건을 재판할 때 두 사람 모두 자기에게 맞는 옷을 입게 되었으므로 정의가 실현되었다고 판결했습니다. 그런데 선생님은 그게 아니라고 하셨습니다. 그러면서 말씀하셨습니다. '네가 만약 그 옷이 누구에게 어울리는지를 판단한다면 그렇게 하는 것이 맞다. 하지만 네 의무는 그것이 누구의 옷이어야 하는지를 판단하는 것이다'라고 말이죠." 그때 어머니는 다시 물었다. "너는 그것을 통해서 무엇을 배웠느냐?" 그러자 키루스는 다음과 같이 대답했다.

> 법에 근거한 것이 옳고 법에 근거한 것이 아닌 것은 옳지 않다는 것을 배웠습니다. 정의로운 군주는 늘 법에 근거한 판결을 내려야 한다는 것을 배웠습니다.

어머니의 교육은 계속된다. "그렇다. 자신의 의지가 아니라 법에 따라 판단해야 하고, 다른 사람보다 더 많이 가지는 것을 정당正當하다고 생각한다면 너는 내게서 큰 벌을 받을 것이다." 정말 훌륭한 아들에 그 어머니라고 하겠다.

세월이 지나 키루스는 페르시아 왕이 되었고, 기원전 6세기 중반 리디아와의 전투에서 승리해 수많은 전리품戰利品을 가지고 귀국하였다. 전리품을 먼저 챙기려는 귀족들은 자기들이 먼저 가질 권리가 있다고 주장했다. 하지만 키루스는 강력하게 이의를 제기한다. "우리가 승리할 수 있었던 것은 최전선에서 적을 막아낸 병사들이 있었기 때문이오. 전리품은 공功을 세운 사람에게 고루 돌아가야 하오." 그러나 귀족들은 크게 반발했다. "키루스 왕이여, 우리는 그들의 지휘관입니다. 우리는 귀족이란 말입니다." 키루스는 물러서지 않고 끈질기게 귀족들을 설득說得하기 시작했다. "그대들이 말 위에 있을 때 우리 병사들은 땅 위에서 끝까지 물러서지 않았소. 병사들이 달아났다면 페르시아의 내일은 없었을 것이오." 키루스의 단호함에 귀족들은 더 이상 반발反撥하지 못했다. 귀족과 평민의 구분이 엄격했던 당시에는 파격적破格的이었던 사건이었다. 신분에 상관없이 땀 흘린 사람들과 성과를 공유共有한 키루스는 어머니와의 약속을 지켰고 역사가 기억하는 위대한 왕이 되었다.

이 이야기는 우리에게 무엇을 시사示唆하고 있는가? 진정한 지휘관은 정의를 수호守護하는 사람이어야 한다는 것이다. 무지와 의심에 휘둘리는 게 아니라 법과 규정規程이 정한 바에 따라서 원칙대로 판단하는 사람이 되어야 한다는 것이다. 그리고 남보다 많이 갖거나 특권特權을 누리는 것을 정당하다고 여기는 것은 지휘관의 악덕이다. 요즘 우리 사회에서 번지고 있는 갑질 문화를 척결剔抉하자는 분위기도 이와 비슷하다고 하겠다. 군인이 가지고 있는 엄청난 권한은 국가와 국민이 잠시 우리에게 위탁委託한 것일 뿐이다. 본질적으로 우리의 소유가 아니라는 점을 인식해야 한다. 따라서 우리는 국가와 국민이 왜 우리에게 그러한 권한을 부여附與했는지를 잘 생각하고 사적인 이익이나 편의를 위해서가 아니라 법과 규정, 그리고 원칙에 따라 그 권한을 정의롭게 사용해야 한다.

사심 없는 마음, 사무사

사심 없는 마음이 정말로 중요하다. 나는 공자께서 말한 바*를 빌어서 사심 없는 마음을 '사무사思無私'로 부른다. 굳이 우리말로 옮긴다면 '개인의 욕심이 없음' 정도가 되겠다. 오랜 군 생활의 경험을 통해 연고緣故와 정실情實에 치우치지 않고 오로지 조직의 이익과 발전을 위해 원칙과 규정대로 하는 것이 군 조직의 발전과 나라의 발전을 위해 얼마나 중요한지 뼈저리게 느꼈다. 군의 피라미드 구조상 매년 다음 계급으로의 진출은 치열할 수밖에 없다. 진급을 하기 위해서는 3가지 요소를 잘 갖추어야 한다고 말하는데 첫째는 평정, 둘째는 지휘 추천, 셋째는 교육 성적이다. 교육 성적은 병과별로 임관 후 초등군사반Officer's Basic Course, 대위 진급 후 고등군사반Officer's Advanced Course 그리고 소령 진급 후 합동군사대학교 정규 또는 기본과정에서 받은 성적표成績表를 말하고, 지휘 추천은 진급 들어가

---

* 공자는 "詩三百 一言以蔽之 日 思無邪"라고 하였다.

는 당해 연도에 함께 근무하는 같은 모집단母集團의 병과 인원 중에서 누가 가장 먼저 진급을 해야 하는지를 지휘관이 평가해서 순위를 매기는 것이다. 평정評定은 기업에서 사원들을 직무 평가 하듯이 정해진 평정 계통에 따라 상급자나 차상급자가 부하들을 1년에 2번 전·후반기로 나누어 전반적인 업무 능력業務能力과 품성品性 등을 종합적으로 평가하는 것을 말한다. 그런데 이런 지휘 추천이나 평정을 하는 데 김 대위는 같은 고향 후배니까 잘 챙겨주고 박 소령은 고등학교 후배니까 좋게 평가하고 그러면 안 된다는 것이다. 이러한 행동은 정의롭지 못한 것이고 이런 식으로 부하를 평가하는 군인은 최대한 빨리 군복 벗고 전역하는 것이 군과 국가를 위해 좋은 일이라고 생각한다.

서시

윤동주

죽는 날까지 하늘을 우러러
한 점 부끄럼이 없기를,
잎새에 이는 바람에도
나는 괴로워했다.
별을 노래하는 마음으로
모든 죽어가는 것을 사랑해야지.

그리고 나한테 주어진 길을
걸어가야겠다.
오늘밤에도 별이 바람에 스치운다.

1941년 11월 20일 윤동주가 쓴 이 시詩를 대한민국 국민이라면 모를 리 없을 것이다. 이 시는 안중근 장군의 '위국헌신 군인본분'이라는 문구 그리고 육사 생도 시절 4년 내내 읊었던 '사관생도 신조信條'—영어로 하면 Cadet's Creed 정도가 된다—와 함께 생도로, 자유인으로, 인간으로서 지녀야 할 정의로움을 유지하는 불빛의 역할을 했다.

하나, 우리는 국가와 민족을 위하여 생명을 바친다.
둘, 우리는 언제나 명예와 신의 속에 산다.
셋, 우리는 안일한 불의의 길보다 험난한 정의의 길을 택한다.

비단 육사뿐만 아니라 모든 양성 기관의 신조에는 위와 유사한 내용의 문구들이 들어갈 것이라 생각한다. 청년 장교 시절에는 선명鮮明하게 내 머릿속을 가득 채우고 있었던 시와 신조가 세월이 지나가며 흐려질 뻔한 적도 종종 있었다. 그럴 때마다 나는 초심初心으로 돌아가 이들을 다시 떠올리면서 정의롭고 정직한 군인이 되어야겠다는 각오를 다지곤 했다.

정의의 문제를 지금까지 여러분에게 장황하게 이야기하는 것은 정의와 관련된 철학적 사변思辨을 알아야 한다는 것을 일러주기 위함이 아니다. 사람의 마음을 얻어야만 조직에 주어진 임무任務를 완수할 수 있는 군대 조직의 특성에 비추어 볼 때 공동체共同體 내에 정의로움이 없다면 서로의 마음을 얻기는 요원遙遠하기 때문이다. 성聖 아우구스투스가 "국가가 정의롭지 못하면 강도 떼와 다를 바가 무엇인가?"라고 말할 때의 국가는 무력武力을 가진 주체를 의미한다. 쉽게 말해서 군대처럼 가장 큰 힘을 관리하는 집단은 반드시 정의로워야 한다는 것이다. 군대가 정의롭지 못해서 국가에 재앙을 불러오고 국민을 도탄에 빠뜨린 예를 역사가 웅변雄辯으로 보여주고 있지 않은가? 군인이 비록 상명하복上命下服을 실천하는 존재이기는 하지만 헌법적 가치와 정신에 위배되거나 법률을 어기는 부당한 명령을 거부할 권리가 있다. 예를 들어 정치적 중립을 침해하는 상급자의 지시를 수명受命하지 않아도 되며, 국제법을 어기는 포로 학살捕虜 虐殺, 인류 문화재 파괴 등의 명령을 거부하는 것이 정의이다. 부당한 명령을 스스로 발發하지 않는 정의로운 군인이 자기에게 내려온 상급자의 부당한 명령을 거부할 자격이 있는 법이다. 사심 없는 마음으로 법과 규정, 그리고 원칙에 따라 행동하는 것은 군인으로 애국하는 것의 또 다른 이름이라고 확신한다.

군인의 정의감을 이야기하면서 빼면 안 되는 중요한 사항이 종교적 성찰宗敎的 省察이다. 군인처럼 사생관死生觀이 분명해야 할 직업은 드물다. 군인에게 종교는 삶과 죽음을 제대로 마주보게 하는 매우 중요한 역할을 한다. 다른 한편으로 군인의 종교는 그의 윤리의식倫理意識을 가름하는 척도가 된다. 수많은 유혹에 의해 흔들리는 자기를 지켜줄 부동심不動心은 깊은 종교적인 성찰에서 생긴다. 정의로운 군인이 되기 위해서는 종교를 갖는 것이 중요하다. 다만, 자기 종교의 중요성만을 강조하면서 다른 사람의 종교나 신앙심 또는 종교관을 침해侵害하는 행위는 절대로 금해야 함을 명심하기 바란다. 그러한 행위 자체가 비종교적임을 알아야 한다.

아이젠하워 장군과 제9공군 병참참모 헨리 저비스 밀러 소장은 웨스트포인트를 1915년 함께 졸업한 동기생이었다. 1944년 4월 클라리지호텔에서 당시 유럽 전역戰役의 방첩대장防諜隊長을 맡고 있던 에드윈 시버트 소장은 밀러가 술을 마시면서 군수물자가 미 본토로부터 노르망디 상륙작전上陸作戰이 끝난 후인 6월 중순까지 도착하지 않을 것이라고 투덜대는 것을 우연히 들었다. 시버트 소장은 이 사건을 브래들리 장군에게 보고했고, 브래들리는 바로 아이젠하워 장군에게 보고했다. 당시에는 유럽 본토 상륙작전에 대하여 최고 수준의 보안 대책이 요구되던 시기였는데, 고위 장군이 그런 군사 비밀軍事秘密을 누설하는 행위는 도저히 그냥 지나칠 수 없었던 사안이었다. 밀러는 그간의 우정을 봐 자신을 현 계급으로 미국 본토로 귀국시킨 후 저지른 일에 상응하는 운명을 기다리게 해달라고 부탁했다. 그러나 아이젠하워는 밀러에게 다음과 같이 답장을 보냈다. "친구를 앞에 놓고 군 판사의 역할을 하는 것이 유감스럽지만, 네가 심각한 비밀 누설秘密漏泄을 저질러 그럴 수는 없다." 아이젠하워 장군은 동기생 밀러를 대령으로 강등降等시켜 미국 본토로 돌려보냈다. 여러분이라면 어떻게 했겠는가?

사심을 버리면
정의를 실현할 수 있다

'사심 없는 마음' 하면 떠오르는 인물이 있으니 미국의 초대初代 대통령 조지 워싱턴이다. 미국 독립전쟁 중 군사 지휘관으로서 조지 워싱턴 장군은 다른 장군들을 아우르는 뛰어난 군사 전략가의 면 모面貌를 나타내지는 못했지만, 일찍부터 사심 없는 태도를 보여주 어 추후 200년간 미국 최고의 군사 지도자軍事指導者들이 따라야 할 모범이 되었다. 그가 행했던 사심 없는 마음의 끝판왕은 왕위王位를 거절한 사건이었을 것이다. 대통령제大統領制를 채택하고 있는 미국 에서 무슨 왕인가 하고 의아해할 사람들이 있을지 모르겠다. 그러 나 미국의 탄생 초기 과정에서는 신생 국가 미국의 새 국왕으로 워 싱턴이 즉위하기를 바라는 사람이 매우 많았는데, 그는 군주제君主

制를 채택하는 것은 시대에 뒤떨어지는 일이라며 이를 단호히 거절하였다. 미국 역사상 전무후무한 만장일치滿場一致로 대통령 자리에 오른 워싱턴은 세계 역사상 최초最初로 대통령이라는 호칭을 갖게 되었으며, 그의 노력 덕분에 미국은 세계에서 가장 대통령제를 잘 운영하는 공화국共和國으로 성장할 수 있었다.

물론 왕이 되었더라도 훌륭히 왕권을 수행했을 것이란 점에는 의심의 여지가 없으나 그의 왕위 거부는 워싱턴이라는 인물이 순수純粹하고 사심 없는 마음가짐을 지니고 있었다는 사실을 잘 보여준다. 워싱턴은 대영제국 왕실의 압제壓制에 맞서 싸움으로써 미국의 독립을 성취하였다. 그리고 나서는 자신이 왕위에 오르는 것을 거절함으로써 막 태어난 신생국인 미국이 또 다른 군주를 맞이하는 상황을 피했다. 미국 독립전쟁을 승리로 이끈 가장 중요한 인물이 자신에게 주어지려는 왕관을 거절했다! 멋진 모습이 아닌가?

여기에서 한 발 더 나아가 워싱턴은 그가 원하기만 했다면 3선뿐 아니라 종신 대통령終身 大統領도 할 수 있었다. 그 당시 미국 헌법美國憲法에는 3선을 금지하는 조항이 없었고, 워싱턴이 공화국의 기틀을 성공적으로 다짐으로써 정치적 입지政治的 立地도 공고하였기 때문에 전혀 문제가 없었지만, 워싱턴은 "내가 대통령 자리를 오래 하면 후대에도 장기 집권長期 執權이 빈번해진다"며 연임만 하고 과감히 물러나와 고향인 버지니아의 마운트 버넌으로 돌아갔다. 워싱턴의 그러한 행동은 사사로운 자기의 이익을 먼저 챙기지 않는 탐욕 없는 인품이야말로 스스로의 위대한 생애를 헤쳐 나가는 데 원동력이라는 점을 동시대와 후대 사람들에게 여실히 증명해주는 사례로 자주

미국인이 가장 존경하는 대통령 중의 한 명인 워싱턴 대통령

인용되고 있다.

그는 사심 없는 마음으로 개인적인 권력을 외면함으로써 신생국의 기틀을 성공적으로 다졌으며 사무사思無私의 모범으로 남았다. 미국인들이 가장 많이 사용하는 1달러 지폐에 워싱턴의 얼굴을 넣은 이유는 가능하면 많은 사람이 그를 볼 수 있도록 하기 위함이었다니 성공한 대통령의 표상表象이라 하겠다. 미국인들이 가장 존경하는 역대 대통령*을 조사하면 1등은 언제나 노예를 해방한 링컨이고, 2등은 언제나 초대 대통령 워싱턴이라는 점이 흥미롭다.

---

* 현 미국 대통령인 트럼프가 45대 대통령으로 역대 대통령은 총 45명이 있어야 하지만 클리블랜드가 22대와 24대 대통령을 하여 44명이 있다. 워싱턴처럼 연임이나 루스벨트처럼 4선을 하여도 1대로 계산한다.

허위 보고는 군 내의 정의를
무너뜨린다

나는 한반도의 중동부 전선前線에서 최전방을 담당하는 부대인 제15보병사단의 사단장을 하였다. 내가 소장으로 진급하여 사단장으로 나갈 때는 그해 3월에 있었던 북한의 천안함 폭침爆沈으로 인하여 남북관계가 매우 위중한 시기였으며, 그로 인해 통상 4월에 실시하던 전반기 장군 인사前半期 將軍 人事가 한참 뒤로 미루어져 진행되는 등 평상시와 매우 다른 분위기였다.

상황이 이렇다 보니 자연히 적의 도발挑發에 대비한 만반의 대비태세를 갖추는 것이 사단장의 가장 높은 우선순위優先順位가 되었음은 재론할 여지가 없었다. 사단장으로 취임한 지 5개월 정도가 지나 훈련을 통하여 사단이 어느 정도 대비태세를 갖추었다고 평가하고 있던 즈음에 전방에서 북한군의 특이 동향特異 動向이 계속 식별識別되었다. 평소와 달리 많은 병력이 최전방 경계초소를 벗어나 비무장지대로 진입하여 철긴외 레인을 제거除去하는 자업을 하는 것이었다. 사단은 이에 맞추어 감시태세와 화력대비태세를 상향 조정調整한 가운데 적의 동향을 며칠간 예의주시하고 있었는데, 첫 3일간에는 별다른 동향이 식별되지 않았다. 2010년 10월 29일에도 적들이 같은 행동을 반복하는 게 관측되었는데 그날은 특이하게 총안구銃眼口가 추가로 개방된 것이 식별되어 대비태세를 높이면서 적 GP와 가장 가까운 GP에 연대 정보과장을 들여보내어 상황을 관리토록 조치하면서 사단은 계획되어 있던 사고 예방 지휘관 토의討議를 진행하였다. 다만, 상황이 어떻게 진전될지 몰라서 해당 지역을 담당하는 연대장은 회의에 참석하지 말고 전반적인 상황 조치를 하라는 사단장의 추가 지시를 하달하였다. 아마 무언가 말로 설명할 수 없는 어떤 예감이 들어서 그랬는지 모르겠다.

회의를 마치고 사단장 집무실로 가는 도중에 전방에서 적의 총격 도발銃擊 挑發이 있었다는 화급한 보고를 받고 곧바로 지휘통제실로 뛰어갔지만 교전 상황交戰 狀況은 이미 끝난 상태였다. 전방에서 이와 유사한 상황이 발생하면 사단에 상황이 보고될 쯤에는 모든 교전 행위가 종료되는 것이 다반사다. 즉각적인 대응 사격對應 射擊과 같은 초동 조치初動 搜査는 최말단最末段 부대에서 자동으로 이루어지고, 대대급 이상에서는 적의 추가적인 도발 여부를 감시하면서 우리의 대비태세를 적절히 상향 조치하고 상황이 필요 이상으로 확대되는 것을 관리하는 등의 임무를 수행토록 교전규칙交戰規則에 명시되어 있다. 현장에서의 초동 조치가 그만큼 중요한 것이다.

마침 우리 GP는 적의 특이 활동을 포착한 이후부터 각 화기 진지에서 대기待機한 채 최고의 대비태세를 유지하고 있었기 때문에 내가 지통실에 도착하였을 때는 우리 GP장의 판단에 의해서 대응 사격이 종료된 다음이었다. 비록 대응 사격 간 기관총機關銃에 탄약이 끼어서 내가 생각한 것보다 적은 양의 실탄을 발사하였지만 시간적으로는 아주 빨리 대응 사격을 하였다. 적의 GP에서 우리를 향해 사격하는 화염火焰을 관측하고 아군이 대응 사격을 할 때까지 걸린 시간은 겨우 45초였다. 그래서 내가 나중에 이 작전의 명칭을 '45초 완전작전完全作戰'이라고 붙였다.

이러한 상황을 합참에 보고하니 믿으려 하지 않았다. 지금까지 많은 유사한 상황이 있었지만 그렇게 빨리 사격을 할 수는 없다는 것이 합참 고위 직위자가 사단장인 나에게 한 말이었다. 다행히 사단의 예하 부대들은 전방에서 일어나는 적의 모든 활동을 녹화錄畵하고 있었기 때문에 이를 입증하는 데에는 어려움이 없었다. 우리의 고성능 CCTV에는 적이 도발하는 장면과 우리가 대응 사격을 한 예광탄曳光彈이 붉은빛을 보이며 날아가는 모습이 고스란히 찍혀 있었다. 그런데 그 화면을 함께 본 부하 중의 한 명이 화면은 잘 찍혔는데 화면 우측 상단에 나타난 시간이 실제 시간과 30초의 차이를 보이고 있다며 이것을 조정하는 것이 어떠냐는 의견을 조심스럽게 건의하였다.

그 당시는 천안함 폭침의 교훈으로 벽에 걸려 있는 시계를 포함하여 모든 감시장비와 컴퓨터 등 시계를 내장內藏하고 있는 장비를 대상으로 하루에 두 번씩 시간이 정확하게 맞는지를 반드시 확인하라고 강조할 때였다. 그런데 적을 감시하는 장비가 시간을 틀리게 나타내고 있으니 사단장 체면과 사단의 명예를 위해서 그런 말을 한 것으로 여겼다. 건의를 받고 나는 잠시 고민하다가 모든 것을 다 보고 알고 있는 부하들 앞에서 차마 거짓 보고를 하라고 시킬 수는 없다고 판단하여 CCTV의 시간이 30초 틀리다는 것을 보고에 반드시 포함하라고 지시하였다. 하나의 잘못을 가리기 위해 새로운 거짓말을 하면 모든 것이 허위로 보일 수 있다는 점을 걱정하였고, 한 번의 허위 보고虛僞 報告라도 용인容認되면 추후 그런 게 관행이 되어 내 부하들이 나에게 허위 보고를 하더라도 내가 어쩔 수 없는 상황이 될 것을 두려워해서였다. 상급 부대에서는 내가 예측한 대로 전반적인 작전은 매우 잘한 것으로 칭찬하면서도 감시장비 운용에 대해서는 사단장의 지휘관심指揮關心을 제고提高하라고 지적指摘하는 선에서 마무리를 지었다.

작은 실수를 감추기 위해 정의롭지 않은 행위를 하지 않은 그날의 나의 행동은 군 생활 동안 잊지 못할 교훈을 주었다.

하늘이 무너져도 정의는 세워라.
— 칸트

제 2 부

땅의 기세

용기 勇氣

씩씩하고 굳센 기운

두려움 없는 게 용기가 아니라 그 두려움을 이기는 것이 용기이다.

1592년 임진왜란壬辰倭亂이 일어났다. 당시 선조 임금의 피난길 모습을 서애 류성룡은《징비록懲毖錄》에서 이렇게 전하고 있다.

이일의 장계狀啓가 도착했다. "적이 금명간 한양에 들이닥칠 것입니다." 장계를 읽은 지 한참이 지나 임금의 가마가 대궐을 빠져나갔다. 돈의문을 지나 사현고개(지금의 홍제동 부근)에 닿을 무렵 동이 트기 시작했다. 남대문 근처 커다란 창고에서 불이 나 연기가 하늘로 치솟고 있었다. … 군량미 겉곡식 1,000석이 당도했다. 굶주린 백성들에게 나눠 먹이기로 했다. 솔잎 가루 열 푼에 쌀가루 한 홉을 섞어 물에 타서 마시게 했다. 그러나 곡식은 적고 사람은 많아 큰 효과를 거두지 못했다. 굶주린 백성들이 내 숙소 곁에 모여 신음소리를 내는데 차마 들을 수가 없었다. 다음날 주위를 살펴보자 굶어 죽은 사람의 시체가 즐비했다.

'용기를 이야기하는데 갑자기 웬《징비록》이지?' 하고 의아疑訝해할지 모르겠다. 류성룡은 임진왜란이 일어나기 전부터 마무리될 때까지 전쟁의 처음부터 끝까지 모든 순간을 직접 참여한 인물이자 고위 관료이다. 그는 서문에 다음과 같이 썼다.

비록 볼 만한 것은 없을지라도 그때의 사건과 자취이므로 버릴 수 없다. 그러니 이로써 시골 구석진 곳에서 온 정성으로 충성의 뜻을 드러내고, 우매한 신하臣下가 나라에 보답하지 못한 죄罪를 기록하고자 한다.

"소 잃고 외양간 고친다"는 속담이 있다. 류성룡의 노력은 이 속담이 딱 들어맞는 것이다. 그럼에도 불구하고 후세들이 그의 이러한 노력에 경의敬意를 표하고, 국가 위기 상황 때마다 류성룡과《징비록》을 인용하는 이유는 비록 늦었지만 다시는 후세에 이런 일이 없도록 해야 하겠다는 조정의 고위 관리高位官吏로서 책임지려는 용기를 보인 그의 행동을 높이 평가하기 때문이라고 생각한다.

용기는 용맹勇猛스러운 기운氣運으로 "힘이 용솟음쳐서 원기가 왕성하며 행동이 날쌔고 사물을 겁내지 않는 기개氣概 또는 씩씩하고 굳센 기운"으로 정의된다. 모든 일이 그렇지만 무엇에 정의를 내리고 용어를 설명하여 이해시키는 일은 항상 어렵다.

용기는 도덕적 용기와 육체적 용기로 구분된다. 도덕적 용기는 '불의와 부정을 보면 참지 못하고 타협妥協하지 않으며, 유혹을 과감히 물리치는 지조志操'를 말한다. 클라우제비츠도 군사적 천재가 가져야 할 조건으로 도덕적 용기를 언급한 바가 있다. 육체적 용기는 '위험에 직면했을 때 이에 굴하거나 위축萎縮되지 않고 당당히 맞서는 것'이다.

군인에게 있어서는 육체적 용기와 도덕적 용기가 다 발휘돼야 한다. 치열한 전투 속에서도 정신적, 육체적으로 극한의 어려움을 극복克復할 수 있고, 자신의 업무상 잘못한 부분은 시인할 수 있으며, 상관의 잘못된 판단과 행동에 대해서는 과감하게 직언直言할 수 있는 용기를 가져야 하기 때문이다. 류성룡과 같이 풍전등화風前燈火 위기 속의 나라를 책임져야 할 위치에 있는 사람들에게는 도덕적 용기가 더욱 필요하다. 그는 임금을 호종護從하면서 옳은 것은 옳다 하며 필요한 직언은 꼭 했고 후세를 위해 기록을 남기면서 잘못한 것에 대해서는 잘못했다고 솔직히 이야기했기에 그를 용기 있고 기개 높은 선비로 후대가 인정하는 것이라고 생각한다. 육체적인 용기를 보이는 사람들은 자주 목격되지만, 도덕적인 용기를 발휘하는 사람을 보기 힘든 것을 감안勘案하면 도덕적인 용기가 훨씬 어려운 수준이라 보아야 할 듯하다. 이와 관련해서 "이상하게도 세상에는 육체적 용기는 흔한 반면 도덕적 용기는 드물다"고 한 마크 트웨인의 촌철살인寸鐵殺人이 떠오른다.

또한, 용기란 대의를 위한 분별 있는 정신적 인내력으로 정의正義와 불가분의 관계에 있다. 분별없는 용기나 정의와 상관없는 용기는 만용蠻勇에 불과하다. 따라서 용기 있는 사람은 자신을 극복할 수 있는 힘으로 불의와 타협妥協하고자 하는 욕망이나 사사로운 욕심을 버리고 정의를 위하여 행동하고자 하는 의미를 갖고 실천하는 사람이라고 할 수 있다.

콜린스 장군은 1947년 말, 아이젠하워 장군의 후임으로 육군참모총장이 된 인물이었다. 콜린스 장군은 총장으로 보직되었다는 소식을 듣고 웨이드 헤이슬립 장군에게 전화를 걸어 "웨이드, 방금 전 내가 차기 육군참모총장으로 보직되었다는 전화를 받았는데, 내 밑에서 차장으로 일해주겠나?"라고 말하자, 헤이슬립이 물었다. "왜 저를 찾으시죠? 솔직히 지난 30년 동안 저와 단 한 번도 의견이 같으셨던 적이 없지 않습니까?"라고 말하였다. 그러자, 콜린스는 "바로 그것 때문에 내가 자네를 원하는 걸세"라고 답했다.

행동이 뒤따르지 않는 것은 용기라고 할 수 없다. 시비是非를 가릴 줄 아는 냉철한 판단력과 결과에 대해 옳은 것은 옳다 하고, 그른 것은 그르다 하며, 또 옳은 것을 지키고 그른 것을 물리치기 위해 목숨까지 내걸고 필요한 결단決斷과 조치를 감행하는 자세와 그 행위로 죽음을 초월할 수 있는 것이야말로 진정한 용기라고 할 수 있다. 고든 설리번 장군이 쓴《장군의 경영학》에 나오는 한 장면을 옮긴다.

"적의 진지가 있을 것으로 예상되는 산언저리로 접근함에 따라, 내 심장은 점점 빨리 뛰기 시작했다. 어찌나 세차게 뛰던지 나중에는 심장이 내 목구멍 안에 있는 것처럼 느껴질 정도였다. 일리노이로 돌아가려면 뭔가 행동을 취해야 했지만, 멈춰 서서 무엇을 해야 할지 생각할 도덕적 용기가 없었다. 나는 계속해서 전진했다. … 며칠 전 적이 파놓은 것 같은 참호는 그대로 있었지만 … 적은 온데간데없었다. 내 심장은 그제야 제자리를 찾았다. 그때 적도 나만큼이나 두려워하고 있다는 생각이 퍼뜩 떠올랐다. … 그날의 사건 이후로는 적과 마주치더라도 전혀 두렵지 않았다. … 적에게도 나만큼 두려워할 이유가 충분히 있다는 사실을 기억하고 있었기 때문이다. 소중한 교훈이었다."

이 여단장은 국립훈련센터에서 실시하는 훈련에 참가한 게 아니었다. 그렇다고 파나마나 독일에 있지도 않았다. 그는 다름 아닌 율리시즈 그랜트*로, 당시 제21 일리노이 지원병 연대의 대령이었다. 그는 자신의 회고록을 통해 이렇게 말했다. "끝까지 인내하라고."

전장에서의 진정한 용기는 죽음의 공포恐怖를 이겨내고 승리를 쟁취爭取하게 만드는 힘인데, 죽음의 공포는 전쟁터의 군이나 피아彼

---

* 율리시즈 그랜트는 나중에 링컨에 의해 북군 총사령관으로 임명되었으며, 전쟁 후에는 미국의 18대 대통령을 역임하였다.

我를 불문하고 마주하는 숙명적 과제宿命的 課題임을 알고 누가 더 용기를 발휘하느냐에 따라 극복된다는 점을 명심해야 한다.

많은 유명한 군인들이 때로는 완곡緩曲하게, 때로는 너무나 직설적으로 'No'라고 말하는 용기를 발휘했고 그러한 사례에 감탄하고는 했다. 그럼에도 불구하고 미국에서도 직언에는 많은 용기가 필요하다는 걸 보여주는 좋은 예가 있어 소개한다.

마셜 장군이 준장으로 백악관에 파견되어 근무하던 때의 일화이다. 루스벨트 대통령은 공군 전력에서 독일을 압도하지 못하던 연합군을 지원하기 위해 비행기 1만 대 증원 계획增援 計劃을 세우는 문제로 참모들과 토론을 하였는데, 그 자리에서 마셜은 "죄송합니다, 대통령님. 저는 대통령님의 생각에 전혀 동의하지 않습니다"라고 말하였다. 마셜이 대통령에게 직언함으로써 계획은 채택되지 못하고 회의는 종료되었다.

대통령이 나가고 나자 주변 참모들이 그에게 악수를 청하며 "그동안 수고 많으셨습니다"라는 반응反應을 보였다고 한다. 그럼에도 불구하고 마셜이 그 사건 이후 군 생활을 계속하면서 승승장구乘勝長驅하여 육군 참모총장, 국방장관과 국무장관에까지 오를 수 있도록 통 크게 배려한 루스벨트 대통령의 행동은 용기를 제대로 이해한 '신의 한 수手'라는 생각이 들면서 한편으로는 그런 대인배 모습이 부럽게 느껴지는 것은 나만의 시샘인가?

동조와 순응이 조직을 망친다

도덕적인 용기를 발휘하여 소신所信 있게 말하고 행동하는 것이
결코 쉬운 일은 아니다. 그러나 다음 사례를 보면 왜 내가 여러분에
게 소신을 갖고 직언할 수 있는 용기가 있어야 함을 강조하는지 이
해할 수 있을 것이다.

케네디가 대통령으로 당선되고 나서 석 달도 안 된 1961년 4월, 피
델 카스트로의 신생 쿠바 혁명 정부를 전복顚覆하기 위해 미국 CIA
가 훈련시킨 1,400명의 쿠바 망명자亡命者들이 미군의 도움을 받아
쿠바 남부 피그스만灣을 침공한 사건이 일어났다.

실제 작전이 벌어지기 전前에 이 작전을 주도한 미국 CIA는 관련
부처와 여러 차례 회의를 가졌는데 CIA를 제외한 다른 부처의 모든
참석자가 마음속으로는 '저건 현실성現實性이 없는 계획인데…', '분
명히 실패失敗할 것 같은데…' 하는 생각을 하면서도 참석한 어떤 이
도 공개적公開的으로 반대하거나 반론을 제기하지 않았다. '내가 나
서서 뭘. CIA가 어련히 알아서 잘하겠지. 좋은 게 좋은 거 아니야?'
하는 생각이 앞섰던 것이다.

결국 이 작전은 투입된 사람 중에 100여 명이 전사戰死하고
1,200명 가까이 포로가 되며 다수의 인원이 도망치는 대실패로 끝
났다. 더 나아가 미국은 포로로 잡힌 1,113명을 석방하는 조건으로
쿠바에 5,300만 달러를 지불해야 했다.

대실패로 끝난 피그스만 침공 작전. 첫 번째와 두 번째 사진은 피델 카스트로의 쿠바군에게 포로로 잡힌 반 카스트로 쿠바 난민군. 세 번째 사진은 피델 카스트로의 쿠바군 대공포부대

예일대학교 심리학 교수 어빙 제니스는 《집단사고集團思考의 희생
자犧牲者들》이라는 책에서 이러한 행태를 '집단사고Group think'라고
이야기했다. 집단의 독선적獨善的 사고방식과 집단 구성원 간의 밀접
한 관계 때문에 집단은 지나친 자신감으로 자신이 하는 일은 결코
실패하는 법이 없다고 생각하고 또한 집단사고의 결과로 집단의 응
집성凝集性을 유지하려 하기 때문에 새로운 정보를 받아들일 여력
이 생기지 않아 왜곡된 이미지는 한층 심화되고 무감각해져서 결국
그릇된 결정을 내리게 되는 동조同調와 순응順應이 내부를 지배하게
된다는 이론이다.

이러한 부작용을 없애기 위해서 지휘관은 비판을 주고받을 수 있
는 개방된 분위기를 조성해야 한다. 부대에서 훈련을 하거나 전술
토의를 할 때면 나는 의무적으로 반대 의견反對 意見을 말해야 하는
'레드 팀Red Team' 운용을 적극 권장했는데 이는 지휘관에게 반드
시 필요한 행위이다. 참고로 가장 유능한 레드 팀장은 똑똑하며 말
하기 좋아하는 성품의 사람이다.

여러분의 생각이 누군가로부터 비판을 받는다면 그것은 최소한
조직이 건강하고 나의 의견이 엉뚱하게는 틀리지 않다는 것을 나타
내는 증거이며, 만약 누구도 비판하지 않고 있다면 그것은 대단히
위험한 신호라고 여겨야 한다. 여러분 주위에 직언하고 소신 있게 말
할 수 있는 사람을 두어라. 그리고 토의 자리에서는 신분과 계급의
고하를 구분하지 말고 누구든 자신의 생각을 정리해서 반드시 의
견을 이야기하도록 만들어라. 남이 말하는 대로 따라 하거나 시키
는 것만 하는 군대가 되어서는 안 된다. 토의는 원래 격론激論을 벌

여서 여러 의견을 듣기 위해 하는 것이다. 누구의 주장이 맞느냐를 치열한 논증과 반박을 통해서 제대로 따져본 후 합의된 결론에 도달하면 그것이 비록 자신의 주장과 다르다 하더라도 받아들이고 결론대로 행동하면 된다. 치열한 토론을 장려獎勵하고 결과에 승복承服하는 군대 문화가 정착되어야 한다.

고故 한주호 준위의 용기를 추모함

흔히 군대에서는 용기 있는 한 명의 군인이 용기 없는 군인 100명보다 낫다는 말을 한다. 고금을 통하여 부대의 단결력團結力이 승리의 중요한 요소인데 단결력은 평소 부대원 상호 간의 친숙親熟과 교감交感의 정도를 얼마만큼 가지고 있느냐에 달려 있다. 또한, 조직의 일부로서 목표 달성을 위해서 함께 행동하도록 만들어주는 외부의 압력壓力이 용감한 군인, 용감한 부대를 만든다고 한다. 개인의 개성個性이 더욱 중시되는 미래 전장에서도 조직의 단결력을 매개媒介로 하는 압력을 적절히 가하는 것이 용기의 발현에 매우 중요한 요인으로 작용한다는 점을 인식할 필요가 있다.

이러한 압력을 강제적으로 가할 수 있지만 바람직한 것은 자신의 판단에 따라 압력을 책임으로 받아들일 수 있도록 교육함으로써 내발적 동기內發的 動機를 통하여 도덕적 용기로 승화昇華되도록 유도하는 것이다.

한주호 준위는 죽지 않고 우리의 가슴 속에 살아 있다.

2010년 3월 26일 북한의 어뢰 공격에 의하여 천안함이 침몰沈沒하고 46명의 승조원이 실종되자 고故 한주호 준위가 동료들을 구조救助하기 위해 나섰다. 당시 잠수 요원으로서는 노령老齡이라 할 만한 52세의 나이 때문에 주변에서 만류挽留하였으나 그는 자기보다 숙련도熟練度가 낮은 청년 대원이 더 위험할 수 있다고 말하며 책임을 스스로 떠맡아 구조 작전救助 作戰에 앞장섰다.

높은 파도와 낮은 수온, 인간의 한계를 넘어선 깊은 수심까지 겹친 극한의 환경 속에서도 고故 한주호 준위의 잠수 수색은 쉼 없이 계속되었다. 그러나 3월 30일 구조작전 도중 실신하여 작전 해역 내의 미美 해군 구조함으로 급히 후송하여 응급조치를 하였으나 끝내 소생甦生하지 못했다.

순직 후 충무무공훈장이 추서追敍되었고 장례는 해군장海軍葬으로 엄숙하게 거행되었으며, 유해는 가족과 전우들의 애도哀悼 속에 2010년 4월 3일 국립 대전 현충원 장교 3묘역에 안장되었다. 그 후 2011년 3월 30일에는 그의 업적業績을 기리는 동상이 진해에 세워졌고, 초등학교 6학년 도덕 교과서에 〈충성을 다한 숭고崇高한 삶〉이라는 내용으로 그의 이야기가 수록되었다.

목숨까지 바쳐 도덕적 용기를 보인 참 군인을 기리며 해군에서 올린 조사弔辭를 소개한다.

대한민국 UDT의 살아 있는 전설,
우리들의 영원한 영웅, 고 한주호 준위!

오늘 그가 조국의 깊고 푸른 바다를 가슴에 품고
우리 곁을 떠나려 합니다.
이 영전에 삼가 조사를 올리려 하니 애통함에 목이 메고,
눈물이 앞을 가로막습니다.
당신의 숭고한 삶을 바치는 오늘,
하늘과 땅과 바다가 울고,
대한민국의 모든 국민이 가슴으로 울고 있습니다.
영령이시여! 정녕 이렇게 잠드시렵니까?
후배들의 만류에도 불구하고 무엇이 그리도 간절했기에
그 칠흑같이 검고 깊은 서해바다로 뛰어들어야만
했습니까?
차디찬 물속을 가르며 실종된 전우들의 실낱같은 숨결을
찾으러 당신은 그토록 생사의 경계를 넘나들었습니까?
진정 당신은 참된 군인의 표상이었습니다.
한평생 오직 군인을 천직으로만 알고 살아온 '한주호',
우리는 당신을 기억합니다.
당신은 그 어느 누구도 따라올 수 없는 가장 강하고
충성스러운 대한민국 최고의 특전용사였습니다.

"불가능은 없다.", "군인은 지시하면 어디든 간다"라는
강한 신념으로 살아왔습니다.
항상 "경험 많은 내가 가야지!"라며 가장 힘들고,
가장 위험한 곳일수록 우리보다 먼저 달려갔습니다.
이역만리 소말리아 해역에서 해적을 제압할 때도
당신은 항상 앞에 있었습니다.
떠나시던 마지막 그날도, 자신은 돌보지도 않고
잠수하는 후배들을 하나하나 챙기시던 당신.
그토록 강한 용기와 신념을 불태우던 당신이
오늘은 왜 이렇게 한마디 말도 없이 누워만 계십니까?
영령이시여, 보이십니까?
20년 동안 당신의 가슴으로 길러낸
자식 같은 후배들의 저 늠름한 모습이?
영령이시여, 들리십니까?
당신이 그랬던 것처럼 실종된 전우들을 한 사람이라도
더 구하기 위해 지금도 차디차고 칠흑 같은 서해바다로
거침없이 뛰어들고 있는 저 후배들의 거친 숨소리가?
그것이 바로 우리 군인의 숙명이며,
당신이 걸어온 참 군인의 길입니다.
마지막 생의 한 줌까지 기꺼이 조국에 바친
바다의 영령이시여!

당신의 육체는 바다에 뿌려졌지만 당신이 남긴 고결한
희생정신은 우리들의 가슴에 영원히 살아 숨 쉴 것입니다.
당신이 보여준 살신성인의 숭고한 그 뜻은 이 나라
모든 국민이 자자손손 누릴 안녕과 번영의 씨앗이 될 것
입니다.
영령이시여! "바쁘니 내일 전화할게"라던
그 짧은 한마디로
사랑하는 가족들이 어찌 당신을 보낼 수 있겠습니까?
남겨진 우리는 또 무슨 말로 위로할 수 있겠습니까?
하지만 오늘의 이 슬픔이 진정 영원불멸의 영광으로
승화될 수 있도록 이제 우리가 당신의 뜻을
이어갈 것입니다.
우리가 그 길을 따라갈 것입니다.
우리들의 살아 있는 영웅, UDT의 전설,
고 한주호 영령이시여!
당신이 그토록 사랑했던 우리 조국,
한결같이 사랑했던 푸른 바다를 지키는 일은
이제 남은 우리에게 맡기시고
부디 하늘나라에서 편히 잠드소서.

2010년 4월 3일 장의위원장 해군 대장 김성찬

북한군 간담을 서늘하게 한
박정인 장군의 용기

6·25전쟁이 종료되고 휴전 상태休戰 狀態로 전환된 이후 북한은 끊임없는 도발로 우리의 대비태세를 시험하곤 하였는데 북한의 국지 도발局地 挑發에 대응하여 가장 용기 있게 행동한 군인으로 회자膾炙되는 백골白骨 3사단장 박정인 장군의 일화를 소개한다.

1973년 3월 7일 3사단 예하 18연대가 담당하던 비무장지대非武裝地帶에서 중대장 인솔하에 DMZ 푯말 보수 작업을 하던 중에 작업을 마치고 복귀 중이던 아군을 향하여 적 GP에서 불법적인 총격 도발銃擊 挑發을 감행하자, 18연대 경계부대가 대응 사격을 하는 가운데 사단은 경계태세 강화 조치를 하면서 대응태세를 강화한 채 적과의 교전交戰으로 피해를 입은 아군을 구출하기 위한 작전을 진행하였다. 지속적인 총격으로 적이 우리의 구출 작전救出 作戰을 방해하자 사단장인 박정인 장군은 71포병대대장에게 적 GP에 대하여 즉사석으로 사격힐 깃을 명령히였다.

사단장의 명령에 따라 대대는 약 4시간 15분 동안 74발의 포탄을 적 지역에 쏟아부었으며, 아군의 지속적인 포병 사격으로 적의 총격이 잠잠해진 틈을 이용하여 부상당한 병력을 구출함으로써 작전을 성공적으로 종료終了시켰다. 이때의 포격이 휴전 이후 우리 군이 북한 지역에 가한 첫 번째 대규모 사격大規模 射擊이었다. 사단장 박 장군은 여기에 만족하지 않고 적의 선제 도발에 대하여 확실한 교훈을 주기 위해 그날 밤 사단 내 모든 트럭을 집결시켜 라이트를 켠 채로 남방한계선까지 돌진突進케 함으로써 북한군의 간담肝膽을 서늘하게 하였는데, 실제로 북한에서는 우리 군이 북침北侵을 하는 것으로 판단하여 한바탕 난리를 피웠으며 전군에 비상 동원령非常 動員令이 내려지기도 하였다는 후문이 있었다.

3·7완전작전으로 인한 적의 정확한 피해를 알 수는 없지만, 후에 귀순歸順한 북한군 군관 유대윤의 증언에 따르면 적 GP에 있던 북한군 29명 모두가 몰살沒殺했고, 그에 대한 책임을 물어 전방 사단과 후방 사단이 교체交替되는 일까지 생겼다고 하며, 북한군에서는 백골부대白骨部隊를 가장 두려워하는 부대로 생각한다고 하였다.

박정인 장군은 정전 교전규칙交戰規則을 지키지 않고 상급 부대에 보고報告 없이 북한군을 공격한 것에 대한 책임을 지고 이 사건 한 달 후에 군복을 벗게 되었지만, 군인으로서 보인 그의 용기 있는 행동은 후배들 가슴과 백골부대의 역사 속에 영원히 살 것이라고 믿는다.

소신은 용기 속에서
생겨난다

내가 중령 때 일이다. 당시 나는 육군본부 전략기획 총괄장교로 있었는데 그때 나의 직속상관直屬上官인 전략기획처장이 한민구 전前 국방부장관이셨다. 한번은 육군본부에 "김영식이 진급을 포기했다더라"는 소문이 돌았던 적이 있었다. 이유인즉슨 내가 대령 진급을 들어가던 그해 을지프리덤가디언연습* 기간에 각 참모부에서 온 대령 20여 명, 중령 50여 명이 모여 장기작전 지원반 운영長期作戰支援班運營에 대한 회의를 하다가 장기작전 지원반장의 임무를 수행하

---

* 매년 8월경에 한미 연합으로 실시하는 대규모 모의 전쟁 연습으로, 정부 기관이 함께 참가하는 을지연습과 군사연습으로만 진행되는 프리덤가디언연습으로 이루어진다.

는 전략기획처장 한민구 준장과 오전 4시간 동안 한 치의 양보도 없는 논쟁을 벌였기 때문이다. 모시는 직속상관과 치열한 논쟁을 벌였다고 진급을 포기했다는 소문이 났다니 도무지 이해할 수 없겠지만 그땐 그런 분위기였다.

진짜 하고 싶은 이야기는 지금부터다. 나는 육본 기참부의 주무장교主務將校로서 비록 처장님의 말씀이더라도 틀린 것은 틀렸다고 이야기할 수 있는 소신과 용기가 있었고, 처장님은 점심시간을 이용하여 논쟁이 됐던 부분에 대해 당시 육본 정보작전참모부 작전과장이었던 권오성 대령(후에 육군참모총장 역임)에게 누구의 말이 맞는지를 확인하시는 진지함을 지니고 계셨다.

오후 토의를 시작하기 위해 자리에 앉자마자 처장님께서 "내가 다른 사람에게 확인해봤더니 그 문제는 김영식 말이 맞더라. 김영식 중령이 주장한 바대로 간다"라고 말씀하셔서 주변을 놀라게 하였다.

그날 토의가 종료된 후에 처장님 사무실로 찾아가 말씀드렸던 것처럼 그 사건은 한민구 준장이 당시 육군에서 최고의 장군이란 걸 보여주는 일화라고 믿는다. 그 많은 사람앞에서 자기보다 한참이나 어린 부하와 논쟁을 한 것도 대단했지만 자기의 생각이 잘못된 것을 쿨하게 인정하고 올바른 결심을 하셨던 처장님의 용기는 내가 보인 치졸한 용기보다 몇 배 커다란 도덕적 용기의 실례實例였다.

이런 일이 있고 나서 한참 후, 어느덧 중장으로 진급하여 수방사령관을 하시던 한민구 사령관이 부하들에게 훈시訓示하면서 "실무자가 자기 업무를 제대로 하려면 김영식같이 해야 한다"고 자주 말씀하셨다는 얘기를 전해 듣는 호사好事도 누렸다.

제게 바꾸지 못하는 일을 받아들이는 차분함과

바꿀 수 있는 일을 바꾸는 용기와

그 차이를 구분하는 지혜를 주소서.

— 라인홀드 니버

열정 熱情

어떤 일에 열렬한 애정을 가지고 열중하는 마음

순간적인 열정의 강도보다 중요한 것은 시간이 흘러도 한결같은 열정의 지속성이다.

물이 끓는 온도를 '끓는점', 한자로 하면 '임계점臨界點'이라고 한다. 국어사전은 임계점을 "물질의 구조와 성질이 다른 상태로 바뀔 때의 온도와 압력"으로 설명하고 있다. 모두가 알고 있다시피 물이 끓는 온도는 섭씨 100도다. 그렇다면 100도에 1도 낮은 99도에는 물이 끓을까? 기포氣泡만 생길 뿐 안 끓는다. 물이 끓고 안 끓고의 온도 차이는 단지 1도이다. 이것을 인생에 비유하여 말하면 99도를 100도로 만드는 이 1도의 정체를 나는 '열정熱情'이라고 생각한다.

여러분이 먼 훗날 자신을 뒤돌아봤을 때 군인의 길을 걸었던 인생이 스스로 만족스럽고, 최선을 다해 국가에 헌신한 군인이 되기 위해서는 임계점을 넘을 수 있는 마지막 1도 즉 '열정 온도'를 필요로 한다.

청춘이란 인생의 어떤 한 시기가 아니라 마음가짐을
뜻한다.
장밋빛 볼, 붉은 입술, 하늘거리는 자태가 아니라
강인한 의지, 풍부한 상상력, 불타는 열정,
인생의 깊은 샘에서 솟아나는 물 같은 신선한 정신,
두려움을 물리치는 용기, 안일한 마음을 뿌리치는 모험
심을 말한다.

때로는 스무 살 청년보다 예순 살 노인이 더 청춘일 수
있다.

나이를 먹는다고 해서 늙는 것이 아니고
이상을 잃어버렸을 때 비로소 늙는 것이다.
세월은 우리의 주름살을 늘게 하지만
열정을 가진 마음을 시들게 하지는 못한다.

고뇌, 공포, 실망에 의해서 기력이 땅으로 들어갈 때
비로소 마음이 시드는 것이다.
예순이든 열여섯이든 모든 사람의 마음속에는
놀라움에 이끌리는 마음, 어린아이와 같은 미지에 대한
탐구심,

삶에서 환희를 얻고자 하는 열망이 있다.

그대에게도, 나에게도 가슴속에는 남에게 잘 보이지 않는
그 무엇이 간직되어 있다.
아름다움, 희망, 기쁨, 용기, 영원의 세계에서 오는 힘,
이 모든 것을 간직하고 있는 한 그대는 젊은 것이다.

영감이 끊기고, 정신이 냉소라는 눈에 파묻히고,
비탄의 얼음에 갇힐 때에는 스물이라도 이미 늙은 것이다.

그러나 머리를 드높여 희망이라는 파도를 탈 수 있는 한
여든 나이에도 그대는 청춘인 것이다.

미국의 사무엘 울만이 쓴 〈청춘Youth〉이란 시詩다. 울만은 독일에
서 유대인 부모 사이에서 태어나 미국으로 이민하여 교육계에 종사
從事했는데, 특히 흑인 어린이들에게 교육 혜택이 돌아가도록 노력했
다. 흑인 인권가黑人 人權家로 시민단체와 봉사단체에서 활동한 것으
로도 알려진 그는 여든 살 생일을 기념해 시집을 출판했다. 위의 시
는 그가 일흔여덟에 쓴 것이다.

〈청춘〉이 널리 알려지게 된 배경이 재미있다. 제2차 세계대전이
끝나갈 무렵, 종군기자 프레드릭 팔머는 필리핀 마닐라에 주둔하고

있던 미美 극동군 총사령관 더글러스 맥아더 장군의 집무실을 방문했다. 당시 태평양 전역戰役에서 일본군과 혈투를 벌이고 있던 맥아더는 집무실 책상 위에 선물 받은 사무엘 울만의 〈청춘〉이란 시가 적힌 액자를 놓고 있었는데 팔머가 그 시를 보게 되었다. 이 시를 매일 암송暗誦했던 맥아더만큼 팔머도 이 시에 매료되었다고 한다. 결국 팔머의 손을 거쳐 《리더스 다이제스트》 1945년 12월 호號에 〈어떻게 젊게 살 것인가How to stay young〉라는 제목의 기사記事로 소개되었다.

여러분은 맥아더 장군이 6·25전쟁에 참전參戰했을 때의 나이가 몇 살인지 아는가? 일흔 살이었다. 요즘이야 워낙 젊게 살기 때문에 지금의 시각에서 보면 그리 많은 나이로 느껴지지 않겠지만, 당시에는 말 그대로 일흔 살 할아버지였다. 그런데 누구도 맥아더가 그렇게 나이가 많이 들었을 거라고 선뜻 생각하지 못했을 것이다. 그 이유는 아마도 전쟁터에서 보여주었던 열정적인 맥아더 장군의 삶에 답이 있지 않을까 생각한다.

칭기즈칸에게 배우는 열정

열정을 이야기할 때면 빠지지 않는 인물이 있다. 바로 칭기즈칸이다. 좀 오래된 TV 광고지만 칭기즈칸과 열정을 묶어 만든 모 저축은행의 카피copy가 있다. 부하들에게 교육할 때 일부 편집한 광고 동영상을 보여주곤 했는데 그때마다 많은 이들이 웃었던 기억이 있다.

칭기즈칸,

그에게서 열정을 뺀다면 이름 없는 양치기에 그쳤을 것이다.

인생에 열정을 더하라.

에드워드 기번은 《로마제국 쇠망사》에서 "칭기즈칸과 그의 후손
들이 세계를 흔들자 술탄들이 쓰러졌다. 칼리파들이 넘어졌고, 카
이사르들은 왕좌에서 떨어졌다. 그는 천수天壽를 누리고 영광이 최
고에 이른 상태에서 죽었으며, 마지막 숨을 내쉬면서 자식들에게 제
국 정복征服을 완수하라는 지침을 내렸다"고 기술記述하고 있다. 인
류 역사상 가장 큰 제국帝國을 건설하였던 칭기즈칸이 어떻게 살아
왔는지 그의 고백을 들어본다.

집안이 나쁘다고 탓하지 마라.

나는 아홉 살에 아버지를 잃고 마을에서 쫓겨났다.

가난하다고 말하지 마라.

나는 들쥐를 잡아먹으며 연명했고

목숨을 건 전쟁이 내 직업이고 내 일이었다.

작은 나라에서 태어났다고 말하지 마라.

그림자말고는 친구가 없었고 병사로만 10만

백성은 어린이 노인 포함해 200만도 되지 않았다.

배운 게 없다고 힘이 없다고 탓하지 마라.

나는 내 이름도 쓸 줄 몰랐으나
남의 말에 귀 기울이며 현명해지는 법을 배웠다.
너무 막막하다고 그래서 포기해야 되겠다고 말하지 마라.
나는 목에 칼을 쓰고 탈출했고
뺨에 화살을 맞고 죽었다 살아나기도 했다.
적은 밖에 있는 것이 아니라 내 안에 있는 것이다.
나는 내게 거추장스러운 것들을 깡그리 쓸어버렸다.
나를 극복한 그 순간 나는 테무친에서 칭기즈칸이
되었다.

이것이 유명한 칭기즈칸의 명언, 또는 칭기즈칸의 고백이다. 여러분이 처해 있는 상황이 아무리 어렵다 하더라도 칭기즈칸이 이야기 했던 것보다 더 어려운 처지에 있을까 싶다. 여러분 인생에 늘 열정을 더했으면 한다.

열정을 이야기하다 보면 약방의 감초처럼 빠져서는 안 되는 이야기가 하나 있는데 바로 '1만 시간의 법칙'이다. 말콤 글래드웰이 쓴 《아웃라이어Outliers》에 한 챕터로 나온 내용으로 누구든 어느 분야에서 1만 시간을 투자投資하면 전문가가 될 수 있다는 것이다. 1만 시간은 대략 하루 3시간, 일주일 20시간, 10년 동안 노력하면 도달할 수 있는 기간이다. 여러분은 어느 분야에 1만 시간을 투자해본 적이 있는가?

여기서 한 가지 질문을 더 해야 한다. 여러분 중에는 군인 생활을 10년 이상 한 사람들이 있을 것이다. 그러면 여러분에게 묻겠다. 여러분은 스스로 전문가專門家가 되었다고 생각하는가? 만약 고개가 갸우뚱한다면 이유가 무얼까? 바로 열정에 있다고 생각한다.

피겨 여왕 김연아와 골프 여제 박인비가 그 분야의 최고가 된 이유와 내 자신이 아직 전문가가 아닌 이유는 의외로 간단하다. 바로 자기가 하고 있는 일에 얼마나 열정을 쏟아부었는가에서 차이가 있어서 그렇다. 다른 말로 하면 얼마나 인내하고 끈기와 열정을 가지고 그 일에 집중했느냐의 차이라고 보는 게 맞다. 순간순간 최선을 다하는 것이 열정의 참모습이다.

> 내가 지금 겪고 있는 고통은 헛되이 보낸 과거의 시간이 나에게 하는 복수다.

나폴레옹이 했던 이 말처럼 매시간을 헛되이 보내지 말고 자기 삶의 주인답게 열정적으로 살았으면 좋겠다. 열정은 어마어마하게 큰 일을 하는 데에만 필요한 게 아니다. 내가 생각하는 열정적인 모습은 오히려 작고 사소些少해 보이는 일에 정성精誠을 다하는 자세이다.

> 작은 일도 무시하지 않고 최선을 다해야 한다.
> 작은 일에도 최선을 다하면 정성스럽게 된다.
> 정성스럽게 되면 겉에 배어 나오고
> 겉에 배어 나오면 겉으로 드러나고

겉으로 드러나면 이내 밝아지고

밝아지면 남을 감동시키고

남을 감동시키면 이내 변하게 되고

변하면 생육된다.

그러니 오직 세상에서 지극히 정성을 다하는 사람만이

나와 세상을 변하게 할 수 있는 것이다.

위의 글은 영화 〈역린〉에서 현빈이 멋지게 말하여 일약 유명해진 대사이다. 원문은 《중용中庸》의 제23장 내용인데 자칫 고루하게 느껴질 수 있는 고전古典의 경구를 현대적 감각으로 변화를 준 대사가 중용의 원문보다 그 의미가 깊어 보인다.

원문原文은 다음과 같다.

其次는 致曲이니 曲能有誠이라.

誠則形하고 形則著하고 著則明하고 明則動하고

動則變하고

變則化니 唯天下至誠이야 爲能化니라.

그다음은 한쪽을 지극히 함이니,

한쪽을 지극히 하면 능히 성실할 수 있다.

성실하면 나타나고, 나타나면 더욱 드러나고,

더욱 드러나면 밝아지고, 밝아지면 감동시키고,

감동시키면 변하고, 변하면 교화敎化될 수 있으니,

오직 천하에 지극한 성실함이라야 교화할 수 있다.

앞 대사臺詞의 의미가 좀 더 와닿는 예화를 들어보자. 만약 여러분이 복무하고 있는 부대에 내일 당장 군 최고 통수권자軍 最高 統帥權者이신 대통령님이 오신다고 하면 국방부장관부터 육군참모총장, 야전군사령관에 이르기까지 대통령님 방문에 모든 관심을 갖고 어떻게 할 것인지 계획을 짜고 예행연습豫行演習과 점검을 하며 엄청난 준비를 할 것이다. 대통령님이 다녀가시는 것 같은 큰일은 잘못될 일이 절대로 없다는 말이다. 그런데 여러분의 부대가 매일매일 하도록 되어 있는 작은 것들, 예를 들면 아침 점호點呼나 야간 순찰巡察을 제대로 하는 문제는 그것에 대해 조금만 관심을 놓치면 잘 안 될 수 있다.

전투준비, 교육훈련, 부대관리를 하면서 자기에게 맡겨진 중요해 보이지 않는 작은 일 하나하나를 정성精誠 들여 제대로 하는 사람이 열정 있는 군인이라고 생각한다.

이와 관련된 또 다른 이야기로 어느 대학에서 실시한 실험에 대하여 이야기해보자.

한 회사에서 고객을 상대로 만족도滿足度를 조사하게 되었는데 설문設問에 응해달라는 요구를 3가지 형태로 하여 어떤 경우에 가장 높은 회수율回收率을 보이는가를 실험하였다. 첫 번째는 실무자가 설문지 위에다 포스트잇을 붙여서 "설문에 잘 응답해주시면 감사하겠습니다"라고 적었고, 두 번째는 설문지 용지상에 당부의 글을 인쇄한 채로 주었으며, 마지막으로 세 번째는 당부의 말 없이 그냥 설문지만 돌렸다. 후에 3가지 경우의 설문지 회수율을 분석해봤더니 포스트잇을 붙였던 설문지의 회수율이 76%였는데 비해 다른 두 설문지의 회수율은 각각 48%, 36%에 그쳤다고 한다. 포스트잇을 붙이는 실무자의 자그마한 정성이 다른 사람들에게 감동을 줘서 설문에 더 많이 응답하게 했다는 것이다.

여러분의 작은 정성이 모이고 모여서 여러분의 부대를 성공으로 이끈다는 점을 명심해야 한다. 세계적인 명품名品은 작은 소품 하나도 소홀疏忽히 하는 법이 없다. 여러분이 명품 군인이 되고자 한다면 디테일에 강해야 하며, 그것은 작은 일 하나에도 늘 정성을 다하는 삶의 자세에서 출발한다.

열정을 이야기하면서 부하들에게 빼지 않고 강조하는 것 중에 '삼심三心'이 있다. 초심, 열심, 뒷심이 바로 그것이다. 누구나 처음에는 열심히 하려는 마음이 다 있다. 그런데 그것을 지속하는 힘이 늘 문제이다. 처음에 먹은 마음을 끝까지 유지하는 것은 웬만한 노력으로 달성하기 어려운 법이다. 초지일관初志一貫하는 마음을 실천하기 위해서는 매일매일을 또 다른 시작으로 여기며 최선의 노력을 다하는 자세가 필요하다.

나는 매년 새해 초에 부하들에게 신년 인사新年 人事를 하면서 초심初心을 강조하는 의미에서 정채봉 님의 '첫 마음'이라는 시詩를 첨부해서 보내주곤 하였다. 여러분도 초심이 흔들릴 때마다 한번 입으로 읊어보기를 권하며 소개한다.

첫마음

1월 1일 아침에
찬물로 세수하면서 먹은 첫 마음으로
1년을 산다면

학교에 입학하여 새 책을 앞에 놓고
하루 일과표를 짜던
영롱한 첫 마음으로 공부한다면

사랑하는 사이가
처음 눈이 맞던 날의 떨림으로
계속 지속된다면

첫 출근하는 날
신발 끈을 매며 먹은 마음으로
직장 일을 한다면

아팠다가 병이 나은 날의

상쾌한 공기 속의 감사한 마음으로
몸을 돌본다면

세례를 받던 날의 빈 마음으로
눈물을 글썽이며
교회에 다닌다면

나는 너, 너는 나라며 화해하던
그날의 일치가 가시지 않는다면
여행을 떠나는 날,
차표를 끊던 가슴 뜀이 식지 않는다면

이 사람은, 그때가 언제이든지
늘 새 마음이기 때문에

바다로 향하는 냇물처럼 날마다가
새로우며
깊어지며
넓어진다

열심은 이미 앞에서 이야기한 것들과 맥脈을 같이 하니 더 이상 설명할 필요가 없을 것 같고, 마지막까지 중요한 것이 뒷심이다. 뒷심이란 자기에게 부여된 책무를 다하기 위해 최후의 순간까지 열심히 하는 힘이니, 조직이나 개인에게 뒷심이 없다면 모든 일이 용두사미龍頭蛇尾로 끝난다. 잔에 물을 채우다 보면 마지막 한 방울에 의하여 물의 표면장력表面張力이 깨지면서 비로소 넘치게 되는 법인데, 뒷심이 바로 이 마지막 한 방울의 물을 더하는 행위이다. 나폴레옹은 이러한 순간을 결정적 시간決定的 時間이라고 말한 바 있다. 부대를 지휘할 때 '이 정도면 되었지' 하는 안이安易한 마음을 갖는 순간이 가장 위험한 순간임을 늘 명심해야 한다. 부대는 살아 있는 생명체이다. 부대는 유기물로 구성된 존재이기 때문에 항상 유동적이며 변화한다는 사실을 알고 어제와 오늘은 분명히 다르다는 생각으로 마지막까지 전력투구全力投球를 하는 것이 열정적인 군인의 자세이다.

열정은 실패를
두려워하지 않는 것이다

아인슈타인이 말한 바와 같이 "한 번도 실패하지 않은 사람은 한 번도 시도試圖하지 않은 사람이다." 나는 실패를 통해 배울 것이 더 많다고 생각한다. 실패에는 두 종류가 있다. 버릴 실패와 택할 실패이다. 택할 실패를 다른 말로 창조적 실패創造的 失敗라고 한다. 에디슨이 전구電球를 발명하는 과정에서 무려 145번의 실패를 했다고 한다. 그런데 99번째 실패를 했을 때 친구가 와서 "너는 다른 것도 많이 발명했는데 뭐 하려고 전구 만드는 데 그렇게 고생하냐? 벌써 99번이나 실패했다는데 그만해라"고 했더니, 에디슨이 정색正色을 하며 자기 친구에게 나무라며 말하기를 "무슨 소리야. 나는 실패한 적 없어. 나는 전구를 만들 수 없는 99가지의 새로운 방법을 찾아낸

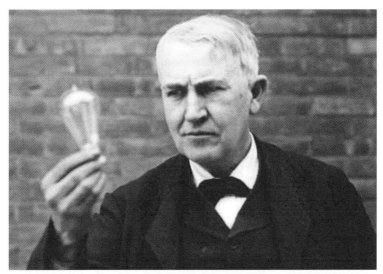

에디슨이 전구를 발명하던 연구실

것뿐이야"라고 했다 한다. 똑같은 것을 바라보는 관점觀點이 너무나 다르지 않은가? 실패를 99번 한 것이 아니라 이렇게 하면 전구를 만들 수 없다는 99가지의 서로 다른 방법을 찾아냈다는 것이다. "내가 끝났다고 하지 않는 한 끝난 것이 아니다"라는 말과 너무 비슷해서 흥미롭다.

처칠은 "성공이란 열정을 잃지 않고 실패를 거듭할 수 있는 능력이다"라고 말했는데, 이 말이 우리에게 공허空虛하게 들리는 이유는 실패에 치러야 할 대가가 너무 커서 감히 실패할 엄두를 못 내는 경우를 자주 보기 때문일 것이다. 특히 실패를 통해 성장해야 할 젊은 간부幹部들이 실패를 너무나 두려워한 나머지 새로운 시도조차 하지 않고 남들이 만들어놓은 길을 따라가는 모습을 쉽게 볼 수 있는데 이는 매우 안타까운 현상現狀이다. 그렇다고 그들만 나무라는 것도 온당치 못하다. 군 문화를 실패에 관대寬大하지 못하게 만들어온 나를 포함한 기성세대既成世代들의 잘못이 오히려 더 크다고 믿는다.

남들과 다른 시도를 하다가 비록 성공하지 못했다 하더라도 거기에서 축적蓄積된 경험이 더 큰 미래를 만드는 자양분滋養分이라는 사실을 인정하고 용기를 북돋우어주는 상급자들의 넓은 아량과 배려가 있어야 젊은 간부들이 남들과 다른 '독립적인 주체'로서 자기를 만들어갈 것이다. 남들을 흉내 내고 선배들이 갔던 길을 쫓아가는 것으로는 미래의 전장을 주도할 수 없음을 분명히 알아야 한다.

열정은 간절히 바라는
마음이다

나는 동해안 22사단에서 중대장을 했는데 그때 군 전투지휘검열 戰鬪指揮檢閱* 을 받았다. 지금은 많이 바뀌었지만, 그때만 해도 수검受 檢 부대가 미리 지정指定되었다. 1대대는 개인화기 사격個人火器 射擊을 측정받고, 2대대는 60밀리 박격포 사격, 3대대는 체력측정과 정신전 력 평가를 받으라는 식이다.

우리 대대에는 개인화기 사격과 60밀리 박격포 사격이 지정되었 는데 대대장님이 중대장인 나를 불러서 "60밀리는 지금까지 1군 예

---

* 야전군사령관 책임하에 사령부 예하의 사단과 여단을 대상으로 실시하는 종합검열로 사·여단장 재임 기간 중 1회를 실시하기 때문에 가장 중요한 평가이다.

하隷下에서 합격한 부대가 하나도 없다는데 네가 무조건 합격시켜라" 하고 지시하셨다. 전투지휘검열 두 달 전에 임무를 받은 것이었다. 사단 사령부 작전처에서는 사단 안에 있는 모든 60밀리 박격포탄迫擊砲彈을 모아서 우리 중대로 보내주면서 수단과 방법을 가리지 말고 어떻게든 합격하라고 단단히 압력을 주었다. 지금에는 감히 생각도 못 할 일이지만 그땐 그랬다.

당시에 사격측정射擊測定을 하는 방법은 통제관이 와서 포진지砲陣地는 여기, 목표는 저기라고 알려주면 통제관이 지시한 대로 제한된 시간 내에 쏘아야 하는 것이었다. 지금은 60밀리 박격포가 개량되어 명중률命中率이 많이 향상되었지만, 중대장 시절인 1985년에는 누구나 'X(똥)포'라고 얘기하는 형편없는 구형舊形 박격포였다. 이전까지 검열받았던 모든 부대가 불합격한 것은 어쩌면 당연當然한 것이었다. 더 큰 문제는 22사단이 바닷가에 있어서 바람이 많이 부는 지역이라는 것이었다. 평소 훈련 때에도 포탄이 날아가다가 바람에 흔들려서 표적標的에 제대로 들어가지 않는 게 다반사였다.

그나마 다행인 것은 측정받는 장소가 미리 정해져 있다는 점이었다. 그곳에서 중대원들을 데리고 합숙 훈련合宿 訓鍊을 했다. 내가 통제관이라면 어디서 어디로 사격을 시킬까를 생각하며 사격이 가능한 모든 위치에서, 예상할 수 있는 모든 표적을 대상으로 심한 바람과 싸워 가면서 정확한 사격 제원射擊 諸元을 일일이 기록하였다. 탄약은 무제한 리필이 가능했다. 두 달여 고생한 끝에 준비가 완료됐다. 이 정도 하면 검열통제관檢閱統制官이 어떤 임무를 주더라도 다할 수 있겠다는 자신감이 들었다. 마침내 측정 당일이 되었는데 대

대장님께로부터 연락이 왔다. "오늘 사단이 측정받은 공용화기公用
火器 사격은 모두 불합격! 60밀리만 남았다. 잘 쏴라." 정말 부담스러
운 상황이었다.

측정이 오후라 아내가 측정 잘 받으라고 삶아온 달걀을 반찬으로
중대원들과 함께 점심을 먹고 있는데 갑자기 내 머릿속에 '아! 저기
서는 우리가 안 쏴본 것 같다!'는 생각이 번뜩 드는 것이었다. 그래
서 밥 먹다 말고 내가 숟가락을 놓고 "식사 중지! 집합! 저쪽에서 쏴
보자" 하고 연습 사격練習射擊을 시작하였다. 그런데, 측정관이 도착
할 시간은 다가오는데 아무리 노력해도 심한 바람 때문에 표적 안
으로 포탄이 들어가질 않았다. 두 달 가까이 그렇게 고생하면서 훈
련을 했는데 마지막 순간에 2%가 부족한 것이었다. 설상가상雪上加
霜으로 그 많던 탄약도 실제 측정용만 남고 거의 떨어져가고 있었
다. 그러다가 측정관이 오기 직전 5분여를 남기고 표적에 명중하였
다. "좋아. 제원 기록하고, 풀어 포!"라고 지시하여 중대원들이 허겁
지겁 주변을 정리하고 모이자마자 측정관이 도착했다.

측정관은 아무 말도 않고 방금 제원諸元을 기록해놓은 그곳에서
우리가 연습하였던 목표로 첫 발을 쏘라고 했다. 갑자기 온몸에 전
기電氣가 흐르듯 짜릿했다. 바로 직전에 그 난리를 쳤는데 안 들어가
겠는가? 초탄初彈이 정확하게 표적에 들어갔다. 지금도 '이럴 리가
없는데?' 하는 표정으로 나를 쳐다보던 측정관의 황당해하는 얼굴
이 생각난다. 측정관은 우리의 기막힌 운運을 믿지 못하겠다는 듯
굳은 의지를 보이며 계속 진지와 표적을 바꾸어가며 사격 명령射擊
命令을 내렸지만 모든 장소의 제원을 갖고 있었기 때문에 문제될 것

이 없었다. 그래서 우리 중대가 1군에서 유일唯一하게 합격했다.

이것은 간절懇切한 마음의 결과結果라고 생각한다. 주어진 임무를 반드시 달성하겠다고 밤낮없이 생각하면 어떻게든지 이루어진다는 걸 그때 체험했다. 내가 경험해봤기 때문에 부하들한테 늘 이 예를 들면서 간절하게 빌면 안 될 일이 없다고 강조를 하곤 한다. 아마 여러분도 크든 작든 이런 비슷한 경험이 있을 것이다. 숙소宿所에 있는데 갑자기 '부대에 뭔가 있는 것 같은데'하고 뛰어가 보면 무슨 일이 막 생기려고 하고 있다. 왜 그럴까? 지휘관이기 때문에 그런 것이다. 간절히 24시간 자기 부대를 생각하다 보니까 그런 일이 발생하는 것이다. 나는 그것이 열정적으로 부대를 지휘하는 모습이라고 생각한다. 여러분도 모든 일에 간절하게 임했으면 좋겠다.

측정이 성공적으로 끝난 후에 군사령부 검열관이 평소에 어떻게 훈련을 하였기에 이런 결과가 나왔는지를 다른 부대에 전파하기 위해서 지휘성공사례指揮成功事例로 작성하여 제출하라고 하여 사실을 사실대로 쓸 수 없어서 한참을 고민하였던 그 시절이 그립다.

성공이란 열정을 잃지 않고
실패를 계속할 수 있는 능력이다.
— 처칠

지력 知力

생각하는 힘

독서는 판단력과 통찰력을 얻는 깨달음의 도구이다.

대령으로 한미연합군사령부에서 부사령관副司令官인 한국군 육군 대장의 보좌관輔佐官을 하였다. 거의 모든 업무가 처음부터 끝까지 미군과 함께 진행할 수밖에 없는 체계體系였는데, 제법 어려워 보이는 한·미 간의 중요한 현안 과제를 성공적으로 잘 마무리했다. 그러자 내 카운터파트counterpart인 미군 대령이 나의 업무 수행 능력業務 遂行 能力에 대해 크게 만족했는지 "Excellent! You are professional"이란 말을 연거푸 했다. 미군이 쓰는 'professional'이라는 말은 군인으로서 고도의 전문성專門性을 갖추고 있다는 의미로, 해당 군인에게 이 단어를 쓰는 것을 최고의 칭찬으로 여긴다. 우리나라 말로는 '최고의 전문성을 지닌' 정도가 되지 않을까 싶다.

아무리 군사 과학 기술이 발달하여 첨단화尖端化된 무기 체계를 운용한다고 하더라도 최고의 무기 체계武器 體系는 결국 사람일 수밖에 없다는 생각을 한다. 최첨단 인공지능人工知能 컴퓨터가 개발되고 로봇이 군사 부분에서 모종의 중요한 역할을 수행한다고 해도 그것은 누군가 지시한 명령에 따라 행동할 것이다. 명령을 내리는 존재는 누구인가? 당연히 사람이다. 그래서 최첨단 군사 과학 기술이 발달되어도 최고의 무기 체계는 사람일 수밖에 없다고 이야기한 것이다. 사람이 가장 정밀精密하고 위협적인 무기 체계이며, 'professional하다'는 것은 이러한 전문적인 능력을 갖추고 있다는 믿음과 신뢰의 표현이라 하겠다. 당연히 전문적인 능력의 최우선 조건은 군사 전문 지식軍事 專門知識을 보유하는 것이다.

독서는 가장 좋은 선생님이다

우리는 흔히 "부대의 강약은 간부들의 강약에 있다"고 이야기한다. 간부들이 군인으로서 자기 병과兵科나 직책에 요구되는 전문성을 갖고 있느냐 없느냐에 따라 그 부대의 전투력은 엄청난 차이를 보인다는 뜻이다. 부대원들의 전문성을 높이기 위해서 끊임없이 공부해야 하는데, 가장 좋고 확실한 공부법이 바로 독서讀書다. 빌 게이츠, 마크 저커버그, 손정의, 오프라 윈프리 등과 같이 자기 분야에서 탁월한 업적을 남긴 사람들은 지독한 독서광讀書狂이라는 공통점이 있으며, 이들은 하나같이 책을 읽는 습관이 성공의 원동력이었다고 말한다. 독서가 그런 결과를 가져오는 이유는 책을 읽는 것이 단순히 지식을 전달받는 행위가 아니라 생각을 활성화活性化시켜서 남들과 다른 사고思考를 하도록 만들어주기 때문이다.

한 사람이 평생의 노력으로 쌓아올린 지식을 자기 것으로 만드는 게 독서의 가장 큰 매력이다. 여기에서 반드시 짚고 넘어가야 할 점은 읽는 것에 그치지 말고 읽은 것을 가지고 깊은 사색思索을 통하여 자기만의 생각으로 발전시키는 노력이 꼭 수반됨을 인식하여야 한다는 것이다. 조선 시대의 대유학자인 퇴계退溪 이황도 "낮에 책을 읽으면 밤에는 그것에 대하여 생각한다"고 올바른 독서법讀書法을 강조하셨다.

독서와 관련하여 내가 읽은 많은 책 중에서 가장 기억에 남는 구절은 누가 한 말인지는 모르겠지만 "독서는 가장 인내심忍耐心이 많은 선생님이다"라는 말이다. 생각해보면 볼수록 맞는 말이다. 책을 읽다가 잘 몰라서 이해하지 못해도 독서는 우리를 꾸짖지 않고, 다음에 다시 읽더라도 아무런 나무람도 없이 우리를 지혜의 세계로 이끌어주는 선생님이다. 꾸준하게 독서를 하면 논리적인 사고능력과 함께 과감한 결단력決斷力을 갖추게 될 뿐 아니라 굳은 의지와 탁월한 창의력創意力까지 겸비하게 된다니 군인에게 이보다 더 훌륭한 스승이 어디에 있겠는가?

나는 군 생활 동안에 자못 많은 책을 읽은 편이었고 가능한 범위 내에서 동료 및 부하들에게 책을 읽는 분위기를 조성해주었으며, 그들 스스로 독서하는 습관을 몸에 익히게 하려는 다양한 노력을 경주했다. 항공작전사령관 때 시작한 '독서 마라톤'은 그러한 노력 중

하나이다. 책 1페이지를 3미터로 환산換算해주어 자신이 읽은 책의 페이지를 축적蓄積하면서 마치 마라톤을 뛰듯 풀코스인 42.195km를 완주完走한다는 데 목표를 두고 독서하는 습관을 길러주기 위해 만든 제도이다. 완주한 사람에게는 내가 가장 좋아하는 문구인 '위국헌신 군인본분爲國獻身 軍人本分'과 자신이 읽은 책 목록目錄을 새긴 원목으로 만든 독서용 책 받침대를 선물로 주었다.

　야전군사령관을 하면서는 여기에 추가하여 일본의 한 여고女高에서 실시하여 큰 효과를 보았다는 아침의 단체 독서법에 대해 이야기를 전해 듣고서 모든 사령부 근무자가 상황보고 전에 매일 10분씩 책을 읽는 지력단련知力鍛鍊 시간을 갖도록 하였다. 처음에는 책 읽는 것을 귀찮아하던 사람들이 시간이 경과함에 따라 통제統制된 10분 이외에도 스스로 책을 읽고 싶은 욕구가 생겨서 자연스럽게 독서 습관을 형성하게 되었고, 그러다 보니 집에서도 TV를 시청하는 대신 책을 읽게 되면서 자식들에게 떳떳함을 느낄 수 있어서 좋았다는 감사 편지를 보내오기도 하였다. 현재 군의 몇 개 부대에서 이러한 독서법을 벤치마킹하고 있다는 소식을 전해 들으면서 큰 보람을 느끼고 있다. 어느 부대건 상황보고 전前의 분위기는 대체로 소란스럽고 부산한 모습인데, 10분간 독서를 하고 난 다음에 상황보고를 시작하면 독서하던 기운이 자연스럽게 연장되어서 그런지 매우 차분한 분위기 속에서 더 진지하게 보고 내용을 받아들였던 효과까지 있었던 것으로 기억한다. 혹시 아침의 그 바쁜 와중에 너무 많은 시간을 지력단련과 상황보고에 할애割愛함으로써 실무자들의 시간을 뺏은 것은 아닌가 하는 오해가 있을 것 같아 사족을 붙이면, 아침 지력단련 10분을 확보確保하기 위하여 상황보고 내용과 방법을 개선해주어 전체 소요 시간에는 증가가 없도록 하였다.

내가 이렇게 부하들에게 독서를 강하게 권장勸獎하는 데에는 나름의 신념이 있기 때문이다. 유사시 군인이 수행해야 하는 전쟁은 엄청나게 복잡한 것이다. 전쟁은 단순히 군인들이 가지고 있는 군사 능력軍事 能力만으로 하는 것이 아니고, 클라우제비츠가 "전쟁은 다른 수단으로 하는 정치政治의 연속"이라고 정의했던 것처럼 정치, 경제, 사회, 문화, 외교 등 국가의 모든 요소들이 복합적으로 작용하는 공간이다. 마치 오케스트라 연주에 여러 종류의 악기들이 각각의 역할을 담당하듯 전쟁도 국가를 구성하고 운영되는 모든 분야가 각자의 위치에서 자기의 역할을 제대로 기능機能할 때만 성공적으로 수행될 수 있는 것이다. 특히, 전쟁의 가장 중요한 요소인 무력武力을 직접적으로 담당하는 군인이 국가 운영 모든 분야의 관련된 지식과 각각의 특징을 잘 이해하지 못한다면 국가 총력전國家 總力戰은 제대로 수행될 수 없을 것이다.

나는 군인과 관련해서 듣기 싫어하는 말이 2개가 있는데, 첫째가 'X별'이고 둘째는 '군인은 단순單純 무식無識하다'란 말이다. 'X별'에 대해서는 말도 꺼내기 싫으니 여기에서는 두 번째에 대해서만 이야기하겠다. 아마도 군사독재 시절을 지나오면서 일부 정치 군인政治軍人들을 얕잡아 이야기하느라 두 번째의 말이 만들어진 것으로 추론推論되지만 나는 이 말에 동의할 수 없다. 군인은 태생적으로 단순 무식할 수 없는 존재들이다. 군인이 단순 무식하면 어떻게 국가의 다양한 요소들을 아우르며 전쟁을 기획企劃하고 실행實行할 수 있겠는가? 불가능한 이야기이다. 전쟁은 그 자체가 복잡한 것이니 그 전쟁을 기획하고 그것을 행동 가능한 계획으로 만들어야 하는 군인은 전쟁의 복잡함 속에서 답을 찾아내야 하고 그러기 위해서는 당연히 아는 지식이 많아야 한다. 군사 분야의 방대한 스펙트럼은 물론이고 그것을 넘어서 예술, 문학, 역사학, 철학까지도 모두 알아야 한다는 게 나의 주장이다.

이러한 이유로 나는 부하들에게 독서의 연장선상에서 '지력단련'을 많이 강조한다. 사실 군에서는 매일 일정 시간을 체력단련體力鍛鍊에 할애하고 매주 수요일은 체력단련의 날로 지정해서 체력단련을 위한 시간을 별도로 두고 있는데 비해 간부 교육, 교범 및 전쟁사 탐독耽讀은 늘 강조하면서도 지력단련이란 용어와 이를 위한 별도의 시간을 할애하지 않아서 내가 만들어낸 조어造語이다. 지력단련의 지력知力은 지적 능력을 줄인 말이다.

나는 어느 자리에 가나 부하들에게 군인은 전투에서 승리할 수 있는 지식을 얻기 위해서 아는 힘 즉 지력을 늘 단련해야 한다고 강조한다. 군인에게 지식은 어떤 의미를 지닐까? 전투력을 운영하는 군인에게 지식은 곧 승리를 담보擔保한다. 승리도 상처뿐인 승리가 아니라 최소最小의 희생으로 온전한 승리全勝*를 얻기 위해서 지식이 필요한 것이다. 나 자신의 영달이나 지적인 허영虛榮을 위해서 필요한 것이 아니라 내가 지휘하는 부대가 전투 현장戰鬪 現場에서 이

---

* 손자는 《손자병법》 '모공謀攻' 편에서 승리의 최고 모습을 온전하게 이기는 것으로 표현하였다.

길 수 있도록 하기 위해서 지식이 필요한 것이다.

한번 생각해보자. 나는 1야전군사령관이다. 전쟁 시의 대한민국의 운명을 가늠할 내 상대는 적 1집단군장이다. 그러면 그자와 무엇으로 싸우는가? 《삼국지三國志》에 나오는 관우나 장비처럼 장수끼리 '일기토一騎討'로? 아니면 팔씨름으로 결판내나? 아니다. 육체로 싸우는 것이 아니라 머리로 싸우는 것이다. 그래서 당연히 지식을 늘려야 하고 지적 능력을 단련시켜야 한다는 것이다. 옛말에 "집안에 며느리 잘못 들이면 한 집안이 망한다"고 하였다. "고양이 덕은 알고 며느리 덕은 모른다"는 속담도 있으니 며느리를 곱게 보지 않던 시대의 사회 분위기가 투영投影된 말인 듯싶다. 며느리 잘못 들어오면 그나마 한 집안이 망하지만 지휘관 하나가 잘못 들어오면 그 부대 전체가 죽는다. 말 그대로 죽는 것이다. 한 부대에 대대장 한 명이 잘못 들어와서 엉터리로 지휘하면 500명의 아까운 생명이 죽는다고 봐야 한다. 연대장 한 명이 잘못 들어오면 1,300여 명이 죽는다. 야전군사령관이 멍청하면 약 20만 명이 죽을 수도 있는 위험에 빠질 것이다. 합참의장合參議長이 지력을 단련하지 않으면 우리 대한민국이 망한다. 그러니 어떻게 지력단련을 강조하지 않을 수 있겠는가? 자기의 지력이 부족해서 혼자만 죽으면 모르겠으나 부하들과 국민 모두를 죽음으로 몰아넣는 게 말이 되는가. 내가 부하들에게 자꾸 "책을 읽어라, 공부해라, 지력단련을 해라"라며 강조하는 뜻이 여기에 있다.

이순신은 어떻게 한 번도 지지 않을 수 있었나?

충무공은 '불멸不滅의 이순신', '불패不敗의 이순신'으로 불린다. 임진왜란 당시 23전 23승을 했기 때문일 것이다. 그렇다면 이순신 장군은 어떻게 한 번도 패배敗北하지 않을 수 있었을까? 정답은 "한 번도 지는 싸움을 하지 않았다"는 것이다. 무슨 말장난이냐고 반문할지 모르겠다. 그러나 말 그대로 이순신 장군은 늘 이기는 싸움만 하고 한 번도 지는 싸움을 하지 않았다. 늘 이길 만한 쉬운 싸움만 하고 불리한 싸움은 회피回避하였다는 뜻이 아니라 자기가 질 곳에서는 전투를 하지 않았다는 뜻이다. 질 곳에서 전투를 하지 않는다는 것이 얼마나 어려운 일인지 아는가? 이순신 장군은 자기가 원하는 결정적 장소決定的 場所를 찾기 위해 어마어마한 노력을 쏟아부었다. 또한 그 장소에서 어떻게 전투를 할 것인지 작전계획을 수립하는 데 부하들과 얼마나 많은 워 게임과 전술 토의를 했는지는 쉽게 상상할 수 없을 정도다. 그냥 어느 날 점심 먹다가 대충 어디 근처로 가서 대강 준비해서 왜군倭軍과 싸운 게 아니라는 말이다.

이순신 장군이 치른 해전 중에서도 최고의 백미白眉로 평가받는 명량해전을 앞에 두고 선조에게 보낸 편지에서 "신臣에게는 아직 12척의 전함이 있다"는 말을 썼다고 해서 충무공이 12척이면 왜군을 이길 수 있는 숫자라고 생각한 것은 아니었다. 장군의 머릿속에는 명량이라는 지형地形과 그곳의 유별有別난 바닷길을 이용하면 적의 함선이 아무리 많더라도 한 번에 아군을 공격할 수 있는 최대 숫자가 얼마인지와 피아 무기 체계의 장단점이 완벽하게 계산되어 있

영화 〈명량〉의 포스터

었기 때문에 13 대 133이라는 절대적인 전력의 차이를 극복하고 승리하였던 것이다.

당시 해전에 대해서는 가장 높은 지식을 갖고 있던 이순신은 요즘 말하는 METT+TC 요소를 엄밀하게 따지면서 매번 전투했고 그랬기 때문에 23번 전투에서 모두 승리할 수 있었다. 이순신의 함대와 원균의 함대가 무엇이 다른가? 딱 하나 지휘관만 달랐던 것이다. 둘 다 조선 수군朝鮮 水軍이었다. 다만, 하나는 원균이 지휘했고 하나는 이순신 장군이 지휘했다. 그런데 원균의 함대는 칠천량에서 일패도지一敗塗地했는데 반하여 이순신의 함대는 한 번도 패하지 않았으며 13척으로 133척을 물리치는 세계 해전 사상 유례類例를 찾을 수 없는 대승리를 만들었다. 이유는 무엇인가? 나는 두 사람이 가지고 있던 해전에 대한 지식의 차이라고 확신한다.

善戰者 立於不敗之地 而不失敵之敗也
무릇 전쟁을 잘하는 자는 패하지 않는 곳에 서서 적이 패하는 기회를 놓치지 않는다.
—《손자병법孫子兵法》, '군형軍形' 편篇

솔직히 말은 쉽다. 그리고 가능할 것 같기도 하다. 누구나 패하지 않는 곳에 서 있다면 적이 패하는 기회를 놓치지 않을 수 있을 것 같다. 그런데 그곳이 지지 않는 곳인지 어떻게 알 수 있을까? 이것이 바로 문제의 핵심이다. 그것을 알아내는 것이 곧 실력이고 내공이며 지식이라는 것이다. 클라우제비츠가 군사적 천재軍事的 天才가 갖는 조건이라고 말한 '군사안軍事眼, coup d'oeil'은 지지 않는 곳을 찾아내고 이기는 장소를 본능적으로 아는 것이다. 그래야 천재다. 지식을 획득하기 위한 여러 가지 방법이 있을 수 있지만, 가장 좋은 것은 다시 한번 이야기 하거니와 독서만 한 것이 없다고 단언한다.

아는 만큼 보인다, 관심만큼 더 보인다

"사랑하면 알게 되고 알게 되면 보이나니, 그때 보이는 것은 전과 같지 않으리라." 이 말은 조선 정조 때의 문장가文章家 유한준이 남긴 말을 유홍준 교수가 구절을 좀 고쳐서 우리 문화유산文化遺産을 보는 자세에 대해 말한 것이다. "아는 만큼 보인다"는 이 말은 그의 베스트셀러《나의 문화유산 답사기》제1권의 머리말에 나온다. 하긴 문화유산뿐 아니라 그림 같은 예술품, 자동차, 심지어 사람 얼굴까지 똑같은 것을 놓고도 보는 이의 관심 분야關心 分野와 지식의 정도에 따라 보는 부분과 보이는 정보량情報量은 상당한 차이가 난다.

미국 과학자들이 이러한 금언을 재확인하는 연구 결과를《실험심리학 저널》에 발표했다. 같은 문자를 보더라도 지니고 있는 지식에 따라 인지認知하는 수준이 달랐다는 것이다. 존스홉킨스대학교 연구진은 아랍어에 능통한 전문가 집단과 생전 한 번도 아랍어를 접한 적이 없는 일반인으로 나눠 이들로 하여금 지나가는 두 아랍 문자가 똑같은지, 다른지 여부를 판단하고 이에 걸리는 시간을 체크하는 실험을 했다. 연구 결과에 따르면 뭔가에 대해 깊이 있게 알면

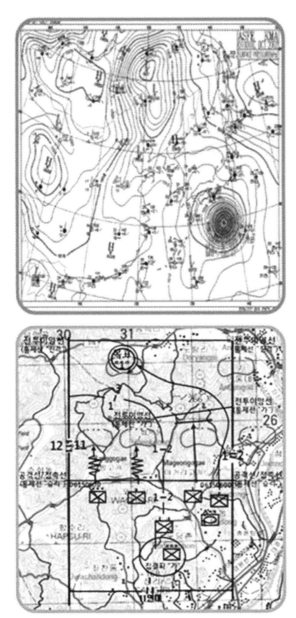

기상 캐스터의 일기도와 보병대대의 공격 작전 투명도

더 많은 관련 정보를 인지할 수 있을 뿐만 아니라 부분적인 정보가 지닌 중요도까지 파악할 수 있는 능력을 길러준다고 한다.

왼쪽 그림은 내가 부하들을 교육할 때 쓰던 슬라이드 내용이다. 위쪽 그림은 일기도日氣圖인데 군인 중에 일기도를 보고 기상氣象 캐스터가 예보하듯 잘 설명할 수 있는 사람은 그리 많지 않을 것이다. 그러나 아래 그림은 초급 수준의 군사 교육을 받은 군인이라면 무엇을 의미하는지 잘 알 수 있다. 위는 태풍颱風이 올라오는 기상도이며 그 아래는 11연대 1대대의 공격 계획 투명도透明度이다. 1중대가 적을 견제牽制하고 2중대는 우측으로 적을 돌파突破하여 통제선 '가'를 확보하면, 전차 1개 소대로 증강된 3중대가 전투 이양선戰鬪 移讓線인 통제선 '가'에서 1중대를 초월超越하여 목표 '1'을 확보한다는 공격 계획이다. 여기에 지도까지 있으니 군인들이 자주 하는 말처럼 지도와 투명도를 오버랩하여 보고 있노라면 물소리, 새소리까지 들린다. 왜 그럴까? 아는 만큼 보이기 때문이다.

계급이 높아질수록 더 많이 공부하고 더 많이 알아야 하는 이유, 특히 군사 전문 지식 습득習得에 노력해야 하는 이유는 부하들을 제대로 지도指導하기 위함이다. 내가 초임 소대장으로 느꼈던 한계를 미리 없애야 한다는 말이다. 자기 부하가 뭘 잘하고 뭘 잘못하고 있는지 똑바로 알아야 제대로 된 지도를 할 수 있는 것 아니겠는가? 부하들이 하는 양을 보며 '저렇게 훈련하다가는 전쟁 나면 큰일 나지!' 하는 생각이 바로 떠오를 정도의 수준에 이르도록 쉼 없이 공부하고 교범敎範을 탐독하면서 전술적 상상력戰術的 想像力을 길러야 한다. 전문 직업군인으로서 여러분이 반드시 해야 할 일이다.

예전에는 아는 만큼 보이는 게 다인 줄 알았다. 그런데 요즘은 그런 생각이 조금 바뀌었다. 아는 것도 중요한데 앞에서 "사랑하면 알게 되니"라고 말했던 것처럼 어떤 대상에 대한 사랑, 다른 말로 하면 관심이 더 중요하다는 걸 절감하게 되었다.

여러분은 날마다 출퇴근을 하면서 부대 위병소衛兵所를 통과할 때 위병 근무자의 제식 동작制式 動作을 자세히 보는 편인가? 자세히 본 적이 없다면 내일 출근할 때 위병 근무를 서는 병사들이 어떻게 경례敬禮하는지 잘 보길 바란다. 아마 100명 중 90명은 발을 벌리고 경례할 것이다. 그러면 위병 근무를 서는 근무지원단 경비중대 병사가 사령관한테 반항反抗하는 마음으로 그렇게 발을 벌리고 경례했겠는가? 나는 그렇지 않다고 생각한다. 그 병사는 자신이 아는 한 최고의 예를 갖추어 가장 바르게 경례했다고 본다. 다시 말해 그렇게 하는 게 옳다고 생각하며 다리를 벌린 채로 경례하는 것이다. 무엇이 틀린 것인지 모르고 한다는 말이다. 그런데 내가 정작 중요하다고 느낀 건 병사들이 다리 벌리고 경례하는 모습을 보며 그것이 틀렸다고 지도해주는 간부가 없더라는 것이다. 지도하지 않는 이유로 추론推論할 수 있는 합리적인 가능성은 첫째, 다리 벌리고 경례하면 안 된다는 걸 간부들이 알지 못해서 이거나, 둘째는 관심이 없어서이다. 내 생각엔 두 번째 관심이 없어서가 정답이다. 관심이 있어야 보이는 것이다. 아는 것도 중요하지만 관심이 더 중요하다.

왜 관심이 없을까? 여러 가지 이유가 있겠지만 나는 허겁지겁 다니기 때문에 즉, 여유餘裕가 없기 때문에 관심이 없는 것이라 생각한다. 부대를 지휘함에 있어 너무 바쁘게 운용運用하지 말고 여유를 갖고 부대를 운용하라는 것이다. 여유를 갖는다는 것은 할 일 없이 빈둥빈둥 놀라는 게 아니라, 부대를 여유 있게 운용하면서 평상시 우리가 잘못 보던 것, 관심 없이 보아 넘기던 것들을 관심 있게 깊이 들여다보라는 의미이다.

逐鹿者不見山축녹자불견산
사슴을 쫓는 사람은 산을 보지 못 한다.

남송 때 지어진《허당록虛堂錄》에 "축록자불견산逐鹿者不見山, 확금자불견인攫金者不見人"이라는 말이 있다. 사슴을 쫓는 사람은 산을 보지 못하고, 돈을 움켜잡는 사람은 사람을 보지 못한다는 뜻이다. 눈앞의 명예나 물욕에 미혹迷惑되어 마땅히 지켜야 할 도리를 저버리거나 눈앞의 위험도 돌보지 않음을 경계警戒하여 이르는 말이다. 사슴을 쫓느라 산을 보지 못하는 것처럼 작은 것에 너무 함몰陷沒되어 큰 틀을 놓치는 우愚를 범하지 말 것을 당부한다. 군인들 특히 지휘관들은 사슴은 못 볼지언정 산은 볼 여유가 있어야 한다. 부대를 너무 바쁘게 운용하면 사슴 보느라고 산을 보지 못하여 여러모로 실패할 가능성이 높아진다. 여유가 있어야 관심이 생긴다.

또한, 관심은 측은지심惻隱之心이라고 생각한다. "측은지심 인지단야(惻隱之心 仁之端也, 남을 불쌍히 여기는 마음이 인의 실마리이다)"라는 말은《맹자》의 '공손추公孫丑 상上' 편에 나온다. 나는 상관이 부하들에게 가지고 있는 측은지심을 리더십의 시작이라고 생각한다. 측은지심이 있어야 부하들이 지닌 문제점들이 보이기 시작한다.

제1야전군사령관 부임 후 얼마 안 되어서 사령부 영내에 병사들을 위해서 병사들이 가장 선호하는 치킨과 피자, 커피와 생맥주, 그리고 여름에는 팥빙수도 판매하고 면회 장소로도 이용할 수 있는 공간을 새로 만들어 '프로카페'*라고 이름을 지었다. 그런데 카페를 만들게 된 이유와 과정이 조금은 웃프다. 나는 1야전군사령관이 되기 전에 준장으로 1야전군에서 작전처장作戰處長을 하다가 소장으로 진급해서 사단장을 나갔다. 내가 사령관이 되어 다시 원주에 오기 5년 전인 작전처장 때에는 사령부에 '프로카페'와 같은 시설이 있어야 한다는 생각을 전혀 하지 않았다. 1년 반 정도 사령부 작전처장을 했는데 솔직히 말해서 사령부에 카페가 있는지 없는지조차 몰랐으며, 병사들을 위한 시설이 뭐가 있는지 하나도 신경을 안 썼다. 그런데 사령관이 되어서 봤더니 사령부 안에 병사가 1,000명 이상 생활하고 있는 데 비해 그들을 위한 복지 시설이라고는 달랑 PX 하나밖에 없다는 것이 바로 눈에 띄었다. 그래서 내가 직접 위치도 정해주고 예산도 투입하여 부랴부랴 카페를 만들게 된 것이다.

내가 작전처장으로 있을 때와 사령관으로 있을 때 사령부의 임무와 기능이 변한 게 있었을까? 전혀 그렇지 않다. 무슨 이유로 작전

---

* 프로카FROKA는 1야전군의 영어 약자인데, 프로카의 카페라는 뜻과 프로다운 카페가 되라는 염원을 담아 내가 작명하였다.

프로카페에서 전우 및 부모님과 즐거운 한때를 보내는 병사들

처장일 때는 안 보이던 게 사령관일 때는 보였을까? 차이는 어디에서 발생하였을까? 답은 '관심'에 있었다고 본다. 모든 조건이 똑같은데도 불구하고 관심이 있으니 병사들 생활에 뭐가 부족하고 무엇을 해주어야 하는지 보였다. 여러분이 관심을 가지고 주변의 모든 것을 바라보면 내가 이야기한 것과 비슷한 게 보이기 시작할 것이다.

우리 군에서 발간하는 《국방일보國防日報》를 보면 다른 부대에서 잘하고 있는 사례들을 소개하는 경우가 많다. 주변에서 잘하는 게 있으면 '우리도 한번 저렇게 해볼까?'라고 한 번쯤은 생각해볼 만한데, '그건 그 부대나 하는 것이고 나랑은 상관없는 것이야'라고 생각하며 무관심한 경우가 많다. 어떤 사람이 또는 어느 부대가 무엇을 잘하면 거기에는 분명한 이유가 있다. 예를 들어, 어느 어느 부대가 훈련을 잘한다고 하면 그 부대는 분명히 자기만의 특별한 무엇이 있는 것이다. 오랫동안 사고 안 나는 부대가 소개되었다면 거기에도 분명한 이유가 있는 것이다. 가만있는데 또는 아무 노력도 하지 않았는데 그냥 운이 좋아서 하늘이 도와서 사고 안 났다는 일은 세상에 없다. 생텍쥐페리의 《어린 왕자》를 본 사람들은 어린 왕자가 여우와 이야기하는 장면이 나오는 것을 기억할 텐데, 여우가 자기의 비밀을 말해주면서 하던 말은 "내 비밀은 별 것 아니에요. 마음으로 보지 않으면 잘 보이지 않는다는 거예요. 매우 중요한 건 눈에 보이지 않는다는 거예요"였다. 마음으로 보아야 보이지 않던 것이 보이는 법이다. '마음으로 보다'를 한자로 쓰면 '관심觀心'이 아닌가?

전쟁사 공부로 지력을 단련한 프리드리히 대제

프로이센의 왕이었던 프리드리히 2세는 다양한 분야에서 뛰어난 역량力量을 발휘하였던 군주로 유명하다. 그를 일러서 계몽군주啓蒙君主라고 호칭하였던 점에서 잘 나타난 바처럼 군림하는 군주가 아니라 봉사하는 군주의 역할을 강조한 프리드리히 2세는 유럽의 2류 주변국이었던 프로이센을 가장 강대한 나라로 탈바꿈시켜 독일 국민으로부터 '대제大帝'라는 칭호를 받은 훌륭한 국왕이었다.

프로이센을 병영국가兵營國家로 만들었던 아버지 빌헬름 1세가 1740년 갑자기 죽자, 유약柔弱한 문학청년으로 인식되던 프리드리히가 프로이센의 3대 국왕이 되어서 한 일은 세상의 놀림거리였던 허우대 좋은 병사들만 모아 놓은 선친의 친위대親衛隊를 해체한 것이었다. 유럽의 많은 사람이 병영국가였던 프로이센이 문화국가로 변모變貌하는 과정을 흥미롭게 지켜볼 정도로 즉위 당시 그는 군사軍事와는 무관한 왕으로 평가되었었다. 하지만 1740년이 가기도 전에 프리드리히 2세는 부친이 물려준 막대한 경제력과 8만 명의 군대를 동원해 기습적으로 오스트리아를 침공侵攻하여 슐레지엔을 확보하였다. 그러자 그의 숙적인 오스트리아의 여걸女傑 마리아 테레지아는 비밀리에 유럽 국가들을 설득해 반反 프로이센 동맹을 맺고 1756년에 전쟁을 개시하니 이것이 '7년 전쟁'이다.

프리드리히 2세의 군사적 천재성을 보인 전투가 바로 후에 나폴레옹이 세계 7대 전사戰史 중의 하나라고 칭찬한 '로이텐 전투'이다. 프로이센이 겨우 3만 명의 전력으로 자기보다 2.5배가 넘는 8만 명의 오스트리아군을 선제공격先制攻擊하여 이겼다는 것은 당시의 전술 개념戰術 槪念으로는 상상도 할 수 없었던 결과였다. 높은 지역에 벽처럼 늘어선 구릉丘陵 위에서 방어 준비防禦 準備를 완벽하게 갖춘 오스트리아군을 공격하기 위해서는 최소한 그들보다 7배의 병력이 필요하다는 게 당시의 합리적인 판단이었다. 더욱이 우익右翼의 늪지대와 삼림森林은 프로이센이 자랑하는 기병대騎兵隊를 운용하기에 매우 불리한 지형 조건을 나타내었다.

이러한 상황 속에서 프리드리히 2세의 군사적 천재성이 드러난 부분은 누구도 찾지 못했던 오스트리아군 배치 상의 약점弱點을 보았다는 점이다. 그것은 바로 8킬로미터의 능선稜線에 길게 늘어선 적 배치가 필연적으로 불러온 얕은 방어종심防禦縱深을 이용하는 것으로, 공격 지점을 하나 정한 뒤에 희생을 각오하고 병력을 집중 투입해서 승부를 결決하는 것이었다. 기동력이 높은 프로이센 기병을 활용하여 우익을 공격하는 체하여 상대를 기만欺瞞한 후에 오스트리아의 예비대豫備隊가 우익으로 투입되자 프로이센은 전 병력을 오스트리아군의 좌익으로 진격시키면서 전투대형戰鬪隊形을 변화하여 적의 약점으로 병력을 집중함으로써 결정적인 장소에서 압도적인 우세優勢를 달성하였다. 결국, 오스트리아군은 2만여 명의 전사자를 내고 패주敗走한 반면 프로이센의 사상자는 겨우 6,400명이었다.

프리드리히 2세는 프로이센군의 무거운 갑옷과 투구鬪俱를 벗게 함으로써 대형을 쉽게 전환轉換할 수 있도록 조건을 만들었으며, 종대縱隊와 횡대橫隊의 자유로운 전환을 통해서 측면을 공격하는 새로운 전술을 창안創案하고 부단한 훈련으로 신개념新槪念의 전술을 전투 현장에서 완벽하게 실행시킴으로써 기동전機動戰에 의한 대승을 거둔 것이다.

이러한 승리의 바탕에는 관습의 함정에 빠지는 오류를 없도록 만들어주는 폭넓은 지식이 있었다. 프리드리히 2세는 왕세자 시절부터 인문학 공부에 열중하여 당시의 대표적 지성인 볼테르와 평생의 지기로 지냈으며, 스스로 작곡을 하고 연주를 할 정도로 다방면에서 재능을 키워왔었는데 이러한 능력이 자연스럽게 사물의 본질을 꿰뚫어보는 통찰력洞察力을 갖게 한 것으로 보인다.

군인인 우리가 주목하여야 할 그의 공부는 그가 전쟁사戰爭史를 부단히 연구하였다는 점이다. 훗날 어느 대위가 프리드리히 2세에게 "폐하처럼 훌륭한 전략가戰略家가 되기 위해서는 어떻게 해야 합니까?"라고 물었다. 그러자 왕은 전쟁사를 열심히 공부하면 된다고 말했다. 그러자 대위가 고개를 갸우뚱하더니 자기는 그런 이론理論보다 실전 경험實戰 經驗이 더 중요하다고 생각한다고 대답했다. 이 말을 들은 프리드리히 2세는 "우리 부대에 전투를 60회나 치른 노새가 두 마리 있다. 하지만 그들은 아직도 노새다"라고 답하였다는 일화가 전해진다. 대위가 프리드리히 2세에게 하였던 질문을 나폴레옹도 받았고 영국의 몽고메리 원수도 받았다고 하며 그 두 사람의 대답도 프리드리히 2세의 답처럼 "전쟁사를 공부하는 것 외에는 방법이 없다"였다 하니 군인으로서 지력을 단련시키려면 부단히 전쟁사를 공부해야 함을 잊지 말기 바란다.

지력단련을 위한 시간은
누구에게나 충분하다

우리가 지력단련을 열심히 하지 않는 이유로 가장 많이 드는 것이 "시간이 없다"라는 말이다. "평소에 부여받은 일도 다 하기 버거운데 언제 공부를 하란 말인가?"는 늘 들어오던 소리이다. 하지만 공부를 잘하는 사람은 결코 시간이 없어서 공부를 못 한다는 말을 하지 않는다. 없는 시간을 억지로라도 만들어서 공부하였던 것이다. 그래서 승자勝者의 하루는 25시간이라고 했던가?!

나는 반대로 질문하고 싶다. "공부를 할 수 없는 시간이 언제인가?"라고. 우리가 허투루 보내는 많은 자투리 시간을 유용有用하게 활용하면 훌륭한 공부 시간이 됨을 알고 실천해야 한다.

야전군사령관으로 매년 2회씩 실시하는 연합연습聯合演習 간에 베틀 리듬 상 별로 바쁘지 않은 야간夜間을 활용하여 'Night School'이라는 지식단련 시간을 편성하였다. 평소에 전쟁과 관련하여 인식하기 어려운 여러 주제에 대하여 연구해서 발표하는 시간을 갖는 것으로, 전쟁이 한창 진행 중인 연습 시에 하게 되면 몰입도沒入度 또한 높아지고 진행 중인 연습의 상황狀況과 연관된 상상력 발휘가 쉬워지는 장점을 활용하기 위해서 고안한 공부 방법이다.

물론, 발표 과제發表課題를 준비하는 사람들에게는 많은 어려움이 있었지만, 준비 과정을 통하여 자기 분야에서 평소 잘 생각하지 못한 부분을 집중적으로 연구하는 계기가 되어 단단한 지력단련을 할 수 있을 뿐만 아니라 발표와 토의를 통해서 새로운 관점과 문제점을 인식하는 계기가 되었다고 자평自評한다. 이러한 노력은 그 자리에 함께 있었던 젊은 장교들에게도 공부의 필요성을 인식하게 하는 긍정적 영향을 미쳐서 그들이 미래 군의 동량棟梁으로 자라는 데 필요한 촉매제의 역할을 톡톡히 하였다고 믿는다.

다음에 소개하는 편지는 1야전군사령관 시절 사령부에 2017 KR 연습* 간 증원 요원增員要員으로 파견 나와서 함께 훈련한 어느 중위가 나에게 보낸 것이다. 좀 긴 편이지만, 윤 중위의 뜻을 제대로 전하기 위해 전문全文을 그대로 옮긴다.

---

* KR(Key Resolve, 결연한 의지)연습은 매년 봄에 한미연습으로 진행하는 모의 전쟁연습의 명칭이다.

충성! 존경하는 군사령관님!

사령관님께서 저를 기억하실지 모르겠지만, 저는 2017 KR연습 간 장차작전반에서 증원 요원으로 임무를 수행한 21사단 63연대 3대대에서 근무 중인 윤현진 중위입니다. 처음 야전군사령부에 발을 디디며 생각한 것이, "상급제대에 파견을 온 만큼 이번 기회를 통해 많은 것을 경험하자"였습니다.

운이 좋게도 저는 장차작전반에서 임무를 수행하였는데, 배틀 리듬 상 "장차작전 판단보고"가 있었으며, 이후에는 'Night School'이 계획되어 있어서 주간조이지만, 사령관님을 가까이서 뵙는다는 사실에 처음부터 훈련이 끝나는 순간까지 매일매일 빠짐없이 참여하였습니다.^^ 이는 제 군 생활에 가장 의미 있던 2주가 될 것이라 생각합니다. 야학을 통해 사령관님의 철학을 공유할 수 있었으며, 장군단의 생각과 고민은 섬세하면서도 핵심을 가지고 이루어진다는 것을 직접 느낄 수 있었기 때문입니다. 증원 요원들 중 유일하게 Night School을 듣게 된 점 또한 매우 특별한 경험이었다고 생각합니다. ^^

사령관님께서 별다른 통역 없이도 연합작전을 수행하

는 모습을 바라보면서 한편으로 부족함을 느끼게 된 기간이기도 하였습니다. 어학에 대한 중요도를 현실에 안주하여 소홀히 했다는 것에 부끄러움이 생겼고, 언어를 놓치지 않고 잘 관리하여 실력을 유지해야겠다는 마음이 절실하게 다가오기도 하였습니다.

군사령부에 근무하면서 제가 가진 생각은 단 한 가지였습니다. '군 생활을 통틀어 마지막이 될 수도 있는 기회로 삼자'는 것을 생각한 만큼 저는 장차작전반에서 머무른 것이 아니라, 이곳저곳 돌아다녀 보면서 실무 장교들에게 질문도 해보고 용사들의 의견도 들어보는 보람된 경험을 하고 가는 것이 제 목표였습니다.

장차작전반 계편과 간부들이 모두 좋은 말과 다양한 기능을 소개해주었음에 감사한 마음도 컸으며, 특히 축성 장교 임무 수행 중인 박승진 소령과 이규원 소령이 좋은 말을 많이 해주어 개인적으로도 친분을 많이 쌓고 가는 것 같아 기분이 좋았습니다. 이러한 이유로 증원 요원으로 선발되어 처음에는 장차작전반이 무엇인지도 몰랐던 때의 모습과 연습을 마친 지금의 사고는 극과 극이었다는 사실에 '큰 생각을 하고 살자'는 생각을 하게 되었습니다.

제가 이번 KR연습 간 가장 기억에 남는 경험은, 안정화 작전 판단보고 시에 제가 조사하고 입력한 내용이 그대로 사령관님께 보고된 사항이었습니다.(홍군의 3대 기율, 8항 주의, 상황판 등) 그런 이유로 저는 그날의 순간을 잊지 못할 것 같습니다. 사령관님을 가까이서 매일 보았다는 것과 여러 기능의 역할 및 시스템을 간접적으로 체험할 수 있었으며, 궁금한 사항들을 질문할 수 있었습니다. 이러한 경험은 장차작전반에서 배려를 해주었기에 가능했던 점이라고 생각합니다!

이번 KR연습을 통해 저는 많은 것을 얻어온 것 같다는 생각이 들었습니다. 단순히 사령관님을 가까이서 바라본 것이 아닌, 장차작전에 대한 개념과 전구에 걸친 전반적인 상·하급 제대의 협조, 민관군의 통합된 기능을 보면서 전쟁에 대한 논리가 조금은 생겨난 것 같습니다.

연습 간 마지막으로 Night School이 종료되고 근무지원단 용사를 통해 군사령관님의 허락 없이 사령관님 메모장 한 장을 간직하고 돌아왔습니다. 지금 현재 제 숙소 책상에 올려두고 항상 이번 훈련을 교훈 삼고 긍정적인 생각과 사고를 가지고 모범적으로 군 생활에 임하도록 다짐하는 데 활용하고 있습니다!

제가 느낀 KR 및 야전군에 대한 생각을 군사령관님께 감히 표현하고 싶은 마음이 앞서서 두서없이 부족한 솜씨로 글을 작성하게 되었지만, 끝까지 읽어주셔서 감사합니다. 사령관님의 건강은 곧 야전군의 생명과 같습니다! 건강관리 잘하시고 항상 사령관님의 지휘목표인 '적과 싸워 이기는 선진 정예 제1야전군'의 일원으로서 매일 '지력단련'과 '자기계발'을 게을리하지 않을 것을 감히 약속드리겠습니다.

훗날 또 한 번 기회가 주어진다면 인사드리도록 하겠습니다. 좋은 경험하게 해주셔서 정말 감사합니다! 충성!

21사단 63연대 3대대 중위 윤현진 드림

한미연합연습 간에 실시한 Night School

우리는 제2의 손자나 클라우제비츠 같은 군사적 천재天才가 우리나라에서 나오지 않음을 탄식歎息하면서도 그런 인재人才를 길러내는 노력이 크지 않음을 별로 중요하게 여기지 않는 것 같다. 적과 싸워 이기는 군대를 만들기 위한 가장 중요한 화두話頭는 '공부하는 군인, 학습하는 조직'이라는 게 나의 철학이다. 역사를 통하여 세계의 군사강국으로 떠오른 모든 나라는 반드시 엄격嚴格한 과정을 통하여 장교단將校團을 단련시켰음에 유념하면서 지식단련에 매진邁進하는 군대를 만들어가자.

윤 중위가 겨우 사령관 표시司令官 標示가 새겨진 메모장 한 장을 가지고 가서 그것을 매우 소중하게 간직하고 있다는 말이 하도 짠해서 답장과 함께 사령관 시계를 선물로 보내준 기억이 있다.

내가 아는 유일한 것은
아무것도 모른다는 것이다.
— 소크라테스

솔선率先

남보다 앞장서서 먼저 함

솔선수범만큼 타인을 설득할 가장 강력한 도구는 없다.

근본적根本的으로 군인은 사람을 다루는 자이다. 목숨을 내놓을 상황에서라도 주저 없이 지시나 명령에 따르도록 리더십을 발휘發揮해야 하는 가장 대표적인 사람이다. 따라서 군인에게 있어 리더십은 반드시 갖추어야 할 가장 중요한 덕목 중 하나이다. 리더십은 한마디로 구성원의 생각과 행동에 대한 영향력影響力이라고 할 수 있다. 리더의 특성에 따라서 그 결과가 긍정적일 수도 부정적일 수도 있지만, 군인이 추구해야 할 전장戰場 리더십은 반드시 부하들에게 긍정적인 영향력을 주어야 한다.

리더십을 논하면서 빠지기 쉬운 오류誤謬가 어떤 형태의 리더십이 가장 좋은가를 따지는 것이라고 본다. 어떤 형태의 리더십이든 모든 상황에 맞는 만점滿點짜리 리더십은 없다. 리더가 이루는 성과는 그가 가지고 있는 리더십의 형태形態에 좌우되는 것이 아니라 리더의 능력과 인격, 리더십에 대한 이해, 조직과 구성원에 대한 이해와 태도에 따라 달라진다는 점을 알아야 한다. 어떠한 형태의 리더십을 채택하더라도 자기와 조직을 먼저 알고 진심을 다하는 태도가 최고의 리더십이다.

리더십의 황금률

리더십은 사람에 따라서 여러 가지로 정의할 수 있을 것이다. 내가 리더십을 전문적으로 연구한 학자는 아니지만, 군 생활하다 보면 리더십이라고 하는 것에 대한 자기 나름의 관觀이 생기기 마련인데, 내가 생각하는 리더십을 짧게 정의하면 다음과 같다.

> 하기 싫은 임무를 부여받은 자가 그것을 지시한 상급자를 봐서, 비록 하기는 싫지만 그래도 기꺼이 하도록 만드는 영향력.

군대에서는 하기 싫은 일이 너무나 많다. 겨울이 오면 눈 오는 날 한밤중에 또는 춥고 배고픈 새벽에 일찍 일어나 제설작업除雪作業을 해야 하고, 위험한지 뻔히 알면서도 부하를 보내기에는 마음이 놓이지 않아 위험한 현장現場으로 자기가 먼저 들어가는 일 같은 것들이 매일 발생하는 곳이 군대이다. 가장 하기 싫은 일은 죽을지도 모르는 곳으로 들어가라는 명령이 아닐까 생각한다. 이처럼 군에서 수행하는 수많은 일이 제대로 돌아가기 위해서 요구되는 것이 리더십인데, 나는 올바른 리더십은 지극히 간단한 원리原理에서 출발한다고 생각한다.

① 군에는 하기 싫은 일이 많다.
② 내가 하기 싫은 일은 남도 하기 싫고,
   내가 하고 싶은 일은 남도 하고 싶어 한다.
③ 그러니 하기 싫은 일은 내가 먼저 하자.
④ 그러면 부하들이 미안해서라도 따라 할 것이다.

쉽게 말하면 너무나 자주 들어 진부陳腐한 말이 되어버린 솔선수범率先垂範의 실천이 리더십의 핵심이라고 믿는다. 그래서 군인이 지녀야 할 리더십의 요체要諦는 《논어論語》 '위령공衛靈公' 편에 나오는 다음 문구라고 생각한다.

己所不欲 勿施於人기소불욕 물시어인
자기가 하기 싫은 일은 다른 사람에게도 시키지 말라.

공자의 제자인 자공子貢이 "제가 평생 실천할 수 있는 한마디의 말이 있습니까?"라고 묻자 그 물음에 공자가 대답한 말이다. 원문을 보면 다음과 같다.

子貢問曰, 有一言而終身行之者乎 자공문왈, 유일언이종신행지자호
曰 其恕乎 己所不欲勿施於人 왈 기서호 기소불욕물시어인

'서恕'는 '깨달아 동정하다'라는 의미로 해석解釋되는데, 상대방의 입장을 헤아려서 그를 이해해야 한다는 뜻으로, '서'가 곧 '기소불욕 물시어인'이라고 말씀하셨다.

흔히들 《논어》의 이 구절을 공자의 황금률黃金律이라고도 부르는데, 재미난 것은 예수도 같은 맥락脈絡의 이야기를 하셨다는 점이다. 극極에 이르면 다 통한다는 게 맞는 듯하다. 마태오복음에 "네가 네형제에게 대우받고 싶은 그대로 네 형제를 대하여라"라고 쓰여 있다. 이 말도 성경의 2대 황금률 중 하나이니, 우연偶然이라고 하기에는 신비롭다.

우리는 곧잘 지휘관을 어항魚缸 속의 금붕어라고 말한다. 그만큼 모든 행동이 노출露出되어 있다는 의미와 다른 한편으로는 모든 부하가 지휘관의 일거수일투족一擧手一投足을 늘 주시注視하고 있다는 속뜻도 있다. 부하들은 자기의 상관上官이 말과 행동을 같이 하는지 아닌지를 본능적으로 안다. 어려움을 부하에게 전가轉嫁하는 상관을 누가 따르겠는가?

퍼이어 교수는 《명장名將의 코드》를 집필하면서 미국의 수많은 장군에게 "어떻게 해야 부하들이 전쟁 중에 당신을 위해 죽고, 하루에 20시간씩 일하며, 평시에 특정 사건이나 문제가 해결될 때까지 필요하다면 몇 주, 몇 개월씩 달라붙어 있도록 지휘합니까?"라고 질

문했다. 그랬더니 모든 장군의 답변은 완전히 일치一致하였는데 "첫째, 지휘관은 우선 자신부터 모범模範이 되어 국가와 국민을 위해 헌신獻身하는 모습을 보여주어야 하고 둘째, 지휘관은 함께 근무勤務하는 사람들을 얼마나 신경神經 쓰고 있는지 보여주어야 한다는 것이었다"고 한다.

사지死地에서 실천한 대대장의 솔선

군인들이 좋아하는 전쟁 영화戰爭映畵 중에 멜 깁슨이 할 무어 중령으로 나와 대대장으로서 솔선수범하는 모습을 보여준 〈위 위 솔저스We Were Soldiers〉가 있다.

이 영화는 주인공인 할 무어 본인이 퇴역退役 후에 자신의 경험을 바탕으로 종군기자從軍記者였던 조셉 겔러웨이와 함께 쓴 논픽션 《우리는 한때 군인이었다… 그것도 젊은We Were Soldiers Once… And Young》을 바탕으로 2002년에 할리우드에서 만들어진 전쟁 영화이다. 한편에서는 너무 미군을 찬양讚揚하는 영화라는 혹평도 있지만 나는 그런 영화적 평가보다는 사실에 바탕을 둔 대대장의 전투 지휘戰鬪指揮에 관심이 많았다. 영화를 보면 대대장이 상급 부대의 명

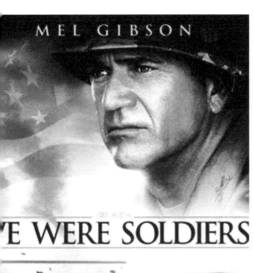

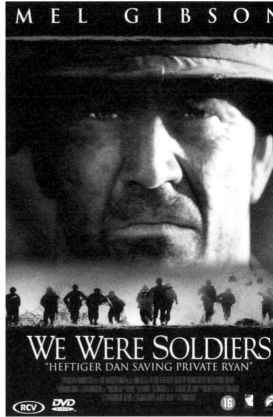

영화 〈위 워 솔저스〉의 포스터

령命令에 따라 이아드랑 계곡에 헬기로 투입되기 전에 출정식出征式을 하면서 비장悲壯한 어조로 훈시訓示하는 모습이 나온다. 비교적 긴 훈시 내용 중에서 내게 가장 깊은 인상印象을 남겼던 대목은 아래의 말이다.

> 전투 지역에서 나는 가장 먼저 내릴 것이고, 가장 나중에 떠날 것이다. 너희들이 살았건 죽었건 내 뒤에는 아무도 남겨두지 않을 것이다.

작전이 진행되어 첫 헬기가 X-ray엑스레이 착륙 지역着陸地域에 가까이 올 때 누군가의 군화軍靴가 클로즈 업 되는데 그 군화의 주인이 바로 대대장 할 무어다. 자기가 한 말을 실천하는 순간을 감독이 영화적으로 잘 표현하였다고 생각한다. 72시간의 목숨을 건 전투가 끝나고 마지막 헬기가 작전 지역을 떠나는 순간에도 대대장이 가장 마지막에 헬기에 오르는데 조종사操縦士가 대대장에게 "누구도 남겨진 자가 없다"는 보고를 한다.

할 무어 중령과 그의 대대가 작전에 투입되어보니 정보 판단情報判斷과 달리 적은 400명이 아니라 그 다섯 배인 2,000여 명으로 구성된 월맹의 정규군正規軍이었으며 적의 압도적인 화력은 대대를 곤경에 빠지게 하였다. 대대가 적에게 포위包圍당하고 대대의 반이 전멸全滅하자 상부에서는 작전의 실패를 인정하고 무어 중령 혼자라도 본대로 귀환歸還하라는 명령을 내리지만 무어 중령은 부하들을 내버리고 혼자 도망치듯 전장을 떠날 수 없다며 진내사격陣內射擊인

브로큰 애로우Broken Arrow를 요청한다. 이 장면에서 나는 절체절명絶體絶命의 위기 속에서 지휘관이 부하들한테 보여야 할 가장 효율적인 전장 리더십은 솔선수범이라는 것을 확실하게 느꼈다. 영화적인 허구虛構가 가미되기는 하였지만, 이것이 군인 리더십의 참모습이라고 믿는다.

영화 속 이야기가 아니라 실제의 상황으로 돌아가자. 무어 중령은 사령부에 돌아와서 당시 전투에 대한 엄격한 사후 검증事後 檢證을 받게 되는데, 대대장으로서 당시 어떻게 상황 판단狀況 判斷을 하였는지에 대해 답한 부분이 매우 흥미롭다. 전前 미 육군참모총장이었던 고든 설리번 장군이 쓴 《장군의 경영학》에는 무어 중령의 사후 검증에 관련된 이야기가 자세히 나온다. 무어 중령은 전투를 지휘하면서 늘 다음 3가지의 질문을 하였다고 증언하였다.

첫째, 현재 일어나고 있는 일은 무엇인가?
둘째, 현재 일어나고 있지 않은 일은 무엇인가?
셋째, 나는 여기에 어떤 영향을 미칠 수 있는가?

전투를 직접 경험해보지 못한 우리에게 들려주는 무어 중령의 3가지 질문이 전장 리더십의 정수精髓를 보여주는 것 같아 소개하였다. 여담이지만, 할 무어는 나중에 한국에 주둔駐屯했던 미 7사단장을 역임하였고 중장으로 전역하였으며 2017년 94세를 일기로 영면永眠에 들었다. 그의 이야기는 이 책의 뒤편에 다시 등장하니 잘 찾아보기 바란다.

역지사지易地思之하면
솔선하기가 쉽다

내 경험을 보아도 그렇고, 군인이 양성 과정養成 課程으로부터 가장 자주 많이 듣는 말 중의 하나가 "솔선수범을 실천하라"는 것일 게다. 그런데 군 생활을 하면서 이 말만큼 부담스러운 말도 별로 없을 것 같다. 해야 하는 당위성當爲性에 대해서는 너무나 잘 알고 있지만 행하기는 정말로 어려운 것이 솔선수범이다. 그런 면에서 나도 자랑할 수 없는 입장임을 솔직하게 고백한다. 솔선수범과 관련하여 내가 착안着眼한 말은 역지사지이다. 물론 이 말도 솔선수범만큼이나 진부하기는 하다.

'내가 좋아하는 일을 부하들에게도 하게 하여주면 좋지 않을까?' 라는 생각에서 시작한 것이 '포토 데이Photo Day' 행사이다. 포토 데

마음에서 탄생된 포토 데이 사진들

이는 위의 그림처럼 내 집무실執務室에서 휘하 장병들이 자기가 원하는 포즈로 나와 사진을 찍는 날에 붙인 이름인데 여기에는 숨은 이야기가 있다.

5군단장으로 부임하여 처부별로 업무보고業務報告를 받으면서, 일반적으로 그러하여 왔듯이 군단장실이나 참모실로 업무보고 장소를 정하지 말고, 자기들 처부 업무와 관련되거나 아니면 경치가 좋은 곳에서 업무를 보고하고 보고 후에는 군단장과 함께 단체사진團體寫眞을 찍도록 하였다. 그랬더니 관리처管理處가 군단사령부 안에 있는 역대 지휘관실*에 가서 사진을 찍겠다고 했다. "왜 거기에서 찍느냐?"고 물으니 관리참모의 답변이 실무자實務者들은 군단장 집무실에 들어가볼 기회가 없기 때문에 삼성 성판星板이나 지휘관 명패名牌를 배경으로 사진을 찍을 수가 없다고 하는 것이었다.

그 얘기를 들으면서 '나는 왜 저런 생각을 그전에 하지 못했을까' 하고 크게 반성하였다. 분명 사단장 때나 합동군사대학교 총장 때에도 이와 비슷한 방법으로 업무보고를 하였었는데 그때에는 전혀 그런 생각을 해보지 못했던 것이 후회되었다. 그래서 "오늘 관리처는 여기 역대 지휘관실에서 사진을 찍지만 앞으로는 실무자들을 정기적으로 내 집무실에 불러서 사진 찍는 행사를 하자"고 내가 제안提案해서 만든 것이 포토 데이다. 내가 중장으로 진급해서 대통령님께 진급신고進級申告를 하고 대통령과 함께 사진을 찍으니까 기분이

---

* 5군단이 최초 창설되었을 때 사용하던 군단지휘부 자리에 건물을 지어서 역대 군단장들의 기록을 전시한 공간이다.

엄청 좋았던 기억이 나면서 거기에 추가하여 '만약 대통령님과 손 잡고 어깨동무하고 찍는다면 어떨까?'하는 생각을 하게 되었던 것이다. '부하들이 좋아한다면 내가 다소 망가져도(?) 괜찮지 않겠냐'는 것이 나의 생각이었다. 여기에서 망가진다는 뜻은 상대방이 바라는 어떤 포즈라도 해주다 보니 어떤 때에는 업어주고, 어떤 때에는 업히기도 하며, 크리스마스 때에는 산타클로스 복장服裝으로 사진을 찍는 등 보통의 지휘관들이 하지 않은 방법으로 찍었다는 뜻이다. 포토 데이의 기본 개념基本槪念은 앞에서도 이야기한 "내가 좋아하는 것은 남도 좋아하고 내가 싫어하는 것은 남도 싫어할 것이다"와 맥脈을 같이 하는 것임을 밝힌다.

남이 너희에게 해주기를 바라는 그대로
너희도 남에게 해주어라.
— 예수

215

제 3 부

바람의 찬가

전문성專門性

군인을 군인답게 만드는 특성

군사적 천재는 태어나기보다는 만들어진다.

군인을 민간인民間人과 구별하게 만드는 가장 중요한 요소는 전쟁을 기획하고 준비하는 전문성이라고 본다. 즉 전략과 전술에 관해서는 민간인보다 지적知的으로나 능력 면에서 우위優位에 있어야 한다는 것이다. 전략과 전술을 정의할 때면 마지막 말에 꼭 따라다니는 것이 '術術, Art과 과학科學, Science'이라는 표현이다. 이러한 정의에 기초하여 전략과 전술을 구사하는 군인은 예술가藝術家, 즉 아티스트가 되어야 한다고 나는 강조하곤 한다. 아티스트의 정체성正體性은 지금까지 누구도 시도하지 않은 방법으로 자기의 생각을 표현한다는 것이다. 절대로 남의 것을 모방模倣하거나 더 나아가 통째로 베껴서는 안 되는 존재가 아티스트이다. 따라서 군인들은 술術을 다루는 자로서 언제나 새로운 싸우는 방법을 찾아내는 아티스트의 길을 걸어야 한다. 남들의 싸우는 생각을 따라 하면 절대로 안 되는 것이다.

우리 군이 가지고 있는 가장 큰 약점은 군 서열序列 1위인 합참의 장부터 엊그제 입대한 이등병에 이르기까지 모든 군인이 실전에서의 전투 경험戰鬪 經驗을 가지고 있지 못하다는 것이다. 반면 미군美軍이 세계에서 가장 강한 전투력을 가지게 된 이유는 그들이 엄청난 국방비를 투자하기 때문만 아니라 지금 이 순간에도 세계의 어느 곳에서는 전투를 수행하고 있으며 전투를 통해서 자신들의 문제점을 찾아내어 지속적으로 전투 발전戰鬪 發展을 꾀하기 때문이라는 게 정답이다.

김일성이 군사력으로 우리를 압도하고 있었던 1970년대에 쉽게 남침을 획책劃策하지 못했던 이유 중의 하나가 베트남전쟁을 통하여 실전 경험을 한 전투병을 가지고 있었던 우리 군을 두렵게 생각해서였다는 점을 감안勘案해보면 지금 우리의 전쟁 수행 능력이 더욱 실전에 가깝게 발전할 필요성이 있다. 다르게 표현하면 모든 구성원이 군사 전문성을 향상向上시켜야 한다는 말이다. 하지만 우리는 미군처럼 직접 전쟁에 참여할 수 없다. 우리 헌법憲法에 침략 전쟁을 하지 않도록 명기되어 있어서 자위권自衛權 차원에서의 군사 행동과 국제 평화國際 平和 유지 활동에 참여하는 것이 현실적으로 실전에 가장 가까운 전투력 운용이다.

따라서 우리가 실전과 비슷한 군사 전문성을 갖는 방법은 모든 행동에서 전쟁을 염두에 두고 생각하고 행동하는 것이다. 즉, 전투

감각戰鬪感覺을 잊지 않으려는 노력을 해야 한다. 전쟁을 직접 경험해보지 못했으니 머리로라도 상상하는 것이 매우 중요하다. 나는 이것을 '전술적 상상력戰術的想像力'이라고 부르며 부하들에게 늘 강조하곤 하였다.

전술적 상상력을 기르는 가장 좋은 방법은 전사戰史를 공부하는 것이다. 어떤 사람은 과거의 전사가 현대전現代戰에 무슨 의미가 있냐며 폄하貶下하는 경우도 있지만 전사 공부는 역사적 사실을 배우는 데 목적이 있는 것이 아니라 그 상황 속에서 옛 군인들이 싸웠던 방법, 즉 그들이 '전쟁을 생각한 방법'을 배우는 것이란 점을 인식認識해야 한다.

어느 누구도 자기가 살았던 시대의 지식과 사고를 뛰어넘어서 전투를 수행할 수는 없다. 그러니 선조들이 싸웠던 개념이 지금에도 통용通用된다는 것은 넌센스임에 틀림없다. 우리가 해야 하는 것은 내가 그 당시의 지휘관으로, 참모로 그 전투에 참여했다면 어떻게 하였을까를 생각해보는 것이다. 전사 연구를 통해서 'What If'를 체득하는 것이 전사 공부의 목적目的임을 잊지 말기 바란다. 내가 말하는 전사 공부의 범주範疇는 과거의 전쟁만을 이야기하는 것이 아니라 현재 진행 중인 전쟁에 대한 연구까지를 포함한다.

다른 방법은 전쟁에 참여한 사람들과 함께 훈련하거나 그들의 경험담經驗談을 직접 듣는 기회를 자주 갖는 것이다. 다행히 우리 옆에는 세계에서 가장 전투 경험이 많은 군대가 있다. 각급 제대별로, 신분별로 그들과의 연합훈련을 시행하고, 부대로 초청招請하여 전투 경험담을 듣고 토의하는 것들을 자주 해야 한다. 한·미가 연합으로 매년 2회 실시하는 KR이나 UFG연습은 세계적으로도 가장 큰 규모의 연습인데, 그 연습을 통해서 우리의 군사적 대비 능력對備 能力이 얼마나 향상되었는지는 말로 표현할 수 없을 정도이다.

일본 소설《불모지대》를 보면 주인공인 이끼 다다시가 30대 초반 젊은 나이에 관동군 작전참모作戰參謀로 근무하면서 전구戰區 작전계획을 수립하는 모습이 나온다. 일본군은 전쟁을 앞두고 간부들에게 엄청나고 다양한 공부를 시켰다. 선진국에서 새로운 군사 이론軍事 理論이 나오면 나라를 불문하고 번역飜譯하여 장교들이 읽도록 하였다. 그런 노력이 모여서 일본이 전쟁을 기획할 수 있게 된 것임을 알고 우리도 노력해야 한다.

3무三無를 없애자!

개인이나 집단集團이 무슨 일을 쥐도 새도 모르게 완벽完璧하게 해냈을 때 뉴스를 전하는 앵커가 "마치 군사작전을 방불케 하였습니다"라는 말을 꼭 한다. 왜 하필 군사작전 같다고 하나? 그것은 군사작전이 '비밀스럽다, 치밀緻密하다, 한 치의 허점도 없다, 완벽하다' 등의 뜻을 함의含意하고 있다는 평가를 하기 때문이 아닌가 생각한다. 이러한 군사작전을 계획하고 실행해야 할 모든 간부는 3무를 없애야 군사 전문가로 발전할 수 있다고 생각한다.

첫 번째, 무관심無關心을 없애야 한다.

우리는 우리 주변의 모든 대상을 관심 있게 봐야 한다. 나는 버릇이 되어서 그런지 몰라도 영화를 보다가도 '저 영화에 나온 저것을 부대에 옮겨 쓰면 어떤 모습일까?'라는 생각을 한다. 내가 접하는 모든 것을 관심 있게 보는 것이다. 그리고 그런 것들을 잊지 않으려고 내 나름대로 정리를 하였는데 노트의 제목題目이 '미래를 준비하는 마음으로 현재를 살아가는 생각의 모음', 줄여서 '미래 노트'이다. 나는 어떤 중요한 생각이 날 때마다 이 노트에 기록記錄하였다. 기록할 시간이 없으면 생각이 휘발揮發되는 것을 방지하기 위하여 포스트잇에 주요 키워드만이라도 적어서 붙여놓았다가 여유가 생길 때 정리하곤 하였다.

사단장 때 쓴 '내가 보는 야전부대野戰部隊 교육훈련의 문제점'이라는 기록을 예로 살펴보면

① 항재 전장 의식의 부재로 보여주기식 훈련을 실시하며, 훈련의 목적을 상실한 채 형식 논리에 함몰.
② 교육훈련에 대한 소요 판단이 부적절하여 모든 것을 다하여야 한다는 쓸데없는 욕심.
③ 지휘관의 소신 부족으로 자기 부대의 임무와 역할에 집중하기보다 남들과 비슷하게 훈련.
④ 교육훈련을 저해하는 요소들에 대한 척결 의지 부족.

등이 적혀 있다.

이 중에 네 번째 교육훈련을 저해沮害하는 요소를 어떻게 하면 실질적으로 없앨 것인가를 고민하다가 나온 아이디어가 '부대관리 용역 제도用役 制度의 도입'이었다. 내가 아무리 이 아이디어를 주장해도 제도권에서는 별 반응이 없어 채택되지 않았었다. 그런데 내가 군단장 시절에 발생한 모 부대의 병영 부조리 사건으로 국방부에 민관군으로 구성된 병영문화 개선 TF가 발족하였고 위원委員 중 한 사람이었던 신인균 자주국방네트워크 대표가 야전부대의 실상實狀을 파악하기 위하여 우리 부대를 방문하여 나와 대담對談하게 되었다. 대담 중에 내가 이 아이디어를 말하였더니 신 대표가 매우 좋은 아이디어라고 하며 TF를 통해서 국방부에 건의建議함으로써 2개 사단에서 처음으로 시험 적용하는 안이 국회國會를 통과하게 되었다. 지금은 이 제도가 확산擴散되어 대부분의 부대에서 혜택惠澤을 보고 있다.

처음 내가 이 아이디어를 주장했을 때에는 병영 생활 간의 수많은 잡역雜役으로 교육훈련이 정상적으로 되지 않으니 그것을 개선하자는 것이 원래의 취지趣旨였는데, 제도가 도입된 이유는 병영 생활 간에 생기는 병사들 간의 부조리不條理를 없애기 위한 방법의 하나였으니 제도를 채택하게 된 이유에는 분명히 차이가 있지만, 결과적으로는 내가 평소에 관심을 가지고 문제를 바라보았기 때문에 군의 어떤 부분이 발전發展하였다는 것이다.

두 번째, 무소신無所信을 없애야 한다.

여러분도 인정하겠지만 대한민국에서 군대 생활하면서, 아니 대한민국 국민으로 살아가면서 버려야 할 것 첫 번째가 소신所信일지 모른다. 참 모순적矛盾的이다. 누구나 소신이 있어야 한다고 말은 하면서두 소신 있게 행동하는 사람을 싫어하는 역설적逆說的인 모습이 우리에게 존재해왔고, 아마 지금도 있을 것이다. 하지만 이제는 이런 문화가 바뀔 때가 되었다고 믿는다. 내가 대장大將으로 진급되었다는 소식을 접했을 때 아내에게 농담 반 진담 반으로 "나처럼 내가 하고 싶은 대로 다 하고 대장 되는 것을 보면 우리 육군 문화가 많이 나아진 것 같다"라고 얘기한 적이 있다. 나는 어떤 사람과 이야기를 하더라도 나의 생각이 군을 위해 올바르다고 판단하면 소신을 쉽게 접어본 적이 별로 없다.

나는 우리 군인들이 자기의 소신이 분명했으면 좋겠다는 생각을 늘 해왔다. 어느 것이 맞고 틀리고는 다음의 문제이고 자기 생각을 떳떳이 눈치 보지 않고 얘기할 수 있어야 하는데 우리는 "중간 정도 가는 게 좋다, 모난 돌이 정釘 맞는다"라는 말을 하도 많이 듣고 자라서 그런지 자기 생각을 얘기하지 않는 경향이 너무 강하다. 군사 전문성에 자신이 있으면 어느 자리에서건 소신 있게 자기의 견해를 피력披瀝할 수 있는 법이다. 소신은 용기의 문제이기도 하지만 지식의 문제이기도 하다.

그래서 세 번째로 무식無識하지 말아야 한다는 말을 하고 싶다.

돌이켜보면 나의 초급장교 시절은 엉성함과 부족함으로 점철點綴된 시기였다. 우수자원優秀資源이라는 꼬리표를 달고 수색대대로 선발되어 간 것까지는 좋았지만, 수색대대의 임무와 기능에 대하여 하나도 배운 것이 없었으니 제대로 된 소대장을 하기란 애초부터 그른 것이었는지 모른다. 지금에는 자기가 가야 할 부대와 보직補職이 미리 정해져서 거기에 맞는 맞춤형 교육을 받고 소대장을 나가니까 많이 좋아졌다고 할 수 있지만, 내가 소대장을 할 당시에는 전혀 그렇지 않았다.

더구나 사단 수색대대師團 搜索 大隊라는 부대도 미리 교리敎理와 기능을 충분히 연구해서 창설한 것이 아니라 각 연대에 편제되어 운용 중이던 수색중대搜索中隊를 한데 묶어서 창설하였던 터라 사단마다 사단장에 따라서 수색대대의 운용 개념運用 槪念이 달랐으며, 심하게 말하면 사단장이 자기의 특전사 대대처럼 운용하던 시절이었다. 그러다 보니 수색대대 장교들이 제대로 된 맞춤형 교육을 받을 수 없었고, 임시 방편으로 특수전 학교特殊戰 學校에 파견되어서 위탁 교육을 받고 와서는 그것을 자대로 복귀한 후에 전수하는 것이 전부였다. 특전사 예하의 특전대대特戰大隊와 사단장 예하의 수색대대가 수행할 임무가 분명히 다름에도 불구하고 특전사 예하의 부대처럼 그런 식으로 수색대대의 교육훈련이 진행되었다.

소대장으로서 당장 부하들을 교육훈련시켜야 하는 입장에서는 앞이 캄캄한 일이었다. 실습계획표實習計劃表를 어떻게 작성해야 하는지 도무지 감感이 잡히지 않았으니 그 심정이야 오죽했으랴! 다행히 우리 소대와 내가 부여받은 첫 임무가 교육훈련이 아니라 경계지원警戒 支援이었으므로 다소간의 시간을 확보할 수 있었다. 마침 소대에 있는 하사 부분대장(초기에 수색대대는 중사가 분대장인 편제였음) 중에서 한 명이 매우 똑똑해서 특수전에 대한 자기의 전술 노트를 잘 정리해 가지고 있었기 때문에 소대장 체면體面을 내려놓은 채 그 하사 부분대장에게서 필요한 수색대대 관련 전술을 배우기 시작하였다. 공자께서 말씀하신 '불치하문(不恥下問, 자기보다 못한 사람에게 물어 배우는 것을 창피해하지 않음)'을 몸으로 실천하였다. 또한 인접隣接의 고참 소대장이 특수전 학교에서 가져온 교육 자료들을 빌려 보면서 혼자만의 공부를 하였다.

그때는 대대 시험을 얼마 남겨두고 있지 않아서 간부 교육幹部 敎育이 엄청 강조되었고, 수시로 시험을 봐서 등수等數를 매겨 발표하는 살벌한(?) 분위기였는데, 점차 나의 공부가 빛을 발하기 시작하였고 마침내 필기시험筆記試驗을 보아 점수를 매기는 것만으로는 대대 전체에서 1등을 하는 수준에 도달하였다. 참으로 한심하고 우스운 일이지만 그것만으로도 나는 아주 우수한 소대장으로 평가를 받았다. 그런 과정을 거치면서 어린 나이에 뼈저리게 느낀 것은 모르면서 부하들 앞에 서는 게 얼마나 무서운 일이며 장교답지 못한 것이란 점이었는데, 아마 내가 평생에 걸쳐 공부를 열심히 해야겠다는 각오覺悟를 하게 만든 소중한 경험이었다고 생각한다.

앞에서도 거듭 강조하였거니와 군인은 절대로 무식無識하면 안 되는 사람이다. 내가 소대장 때 한 것처럼 모르는 지식을 쌓기 위해서 책을 열심히 읽는 것도 중요하지만 내가 그것보다 더 중요하게 생각하는 군인의 공부는 군사軍事의 여러 분야에서 자기의 생각이 분명해질 정도로 공부해야 한다는 것이다. 책을 읽어서 쌓은 지식만으로는 부족하다. 그런 단편적인 지식은 '네이버 지식정보' 등의 도움을 받으면 더 빨리, 더 많이, 더 정확하게 확인할 수 있다. 내가 말하는 무식하지 않은 군인이란 많은 공부를 함으로써 얻은 지식을 바탕으로 깊은 사색思素을 통해서 자기의 관觀을 세운 사람을 말한다. 공자도 "학이불사즉망學而不思則罔" 즉, "배우되 생각하지 않으면 그 배움은 어지럽다"고 하셨다. 쑥스럽지만 내가 다른 사람과 비교하여 조금 나은 점이 있다면 바로 '생각하는 습관'이라고 자평하면서 부하들에게도 늘 깊이 생각하는 법을 배우고, 생각하는 힘을 가지라고 강조하였다.

긍정적인 사고의 창시자인 노먼 필 박사가 쓴 〈쓸데없는 걱정〉이란 제목의 글을 보면 일반적인 사람들은 하루에 5만~6만 가지의 생각을 한다고 하는데, 그중에 96% 이상이 우리가 바꿔 놓을 수 없는 것들에 대한 무의미無意味한 걱정이라고 한다. 우리가 아이디어가 많다고 칭찬하는 사람들은 과거過去에 대한 생각을 줄이고 미래의 문제에 생각을 집중하는 사람들이라고 한다. 늘 생각을 깊이 하여 현재와 미래의 다양한 문제에 생각이 이르게끔 고민하다 보면 어느 순간에 번뜩하고 떠오르는 아이디어가 생긴다. 그러면 그것을 나름대로 정리하여 하나의 '생각 다발'로 만든 다음에 그 다발을 출발점出發點으로 하여 그 이상의 수준으로 생각을 이어가면 머리가 저절로 트이면서 생각하는 법을 스스로 터득하게 될 것이다.

생각하는 군인은 절대로 무식한 군인이란 소리를 듣지 않는다. 그런 자기만의 생각 다발들이 시간이라는 나이를 먹어가면서 더욱 단단해지는데 우리는 이것을 '내공內功'이라고 부르며 그러한 내공을 가지고 있는 사람을 '고수高手'라 칭한다. 고수는 평소에 생각을 많이 해봤기 때문에 어느 날 상급자가 갑자기 임무를 부여하더라도 어렵지 않게 그 임무를 처리할 수 있게 되는데, 왜냐하면 그 문제라는 것들이 결국 이전에 이미 고민苦悶하였던 범주에 있을 공산이 크기 때문이다.

부단한 노력 끝에 얻은 군사 전문성

독일에서 공부하는 동안 프랑스 파리를 두 번 여행하는 기회가 있었다. 파리를 돌면서 언제나 느낀 것은 프랑스 사람들이 지금도 나폴레옹의 덕을 톡톡히 보고 있다는 점이었다. 삼제회전三帝會戰*으로 유명한 아우스터리츠 전투의 승리를 기념하여 지으라고 나폴레옹이 명령한 개선문凱旋門을 중심으로 사방팔방으로 뻗은 파리 시내를 보면서 '그런 대담한 아이디어를 낼 정도의 인물은 과연 어떤 과정을 통하여 성장하게 되는 것일까?' 하는 생각을 한 적이 있었다.

---

* 프랑스의 나폴레옹, 러시아의 알렉산드르 1세, 오스트리아의 프란츠 1세가 동시에 한 전투에 참가하여 붙여진 이름이다.

우리가 수많은 군인 중에서 군사적인 천재天才라고 첫손에 꼽는 인물인 보나파르트 나폴레옹은 엄청난 독서광讀書狂이었다. 자신이 유럽을 정복하게 한 밑거름은 바로 독서였다고 공개적으로 밝혔다. 코르시카 가난한 귀족 집안의 자식으로 9세에 입학한 프랑스 왕립군사학교를 다닐 때부터 사투리와 작은 키로 인해 주변의 냉대冷待를 받았던 나폴레옹은 혼자 책 읽는 즐거움을 위안慰安으로 삼아 지냈다. 그는 일기에 "요즘은 밤잠도 아껴 책을 읽고 있다. 식사도 하루 한 끼로 버티고 있다. 어머님의 말씀대로 고독孤獨의 벗은 독서뿐이다"고 적었다. 그의 가장 중요한 스승으로 곧잘 지목되는 나폴레옹의 어머니는 편지에서 "가난 때문에 비웃음을 받더라도 마음 상하거나 비굴해서는 안 된다. 일찍이 부유富裕함이 영웅을 낳은 전례는 없다. 외로움의 가장 친한 벗은 독서라고 생각하고 고금의 위인전偉人傳을 읽기 바란다"고 아들에게 말했고, 없는 살림에도 불구하고《플루타르크 영웅전》등을 사서 아들에게 보내주었다고 한다.

외로움과 고독을 독서로 극복한 나폴레옹은 그의 일생 동안 총 8,000여 권의 책을 읽은 것으로 알려져 있으며 생애生涯의 절반을 전쟁터에서 보냈으면서도 1년에 160여 권을 독파했다고 한다. 전쟁 중에도 별도의 마차馬車에 책을 싣고 다니며 읽었다. 혹자는 이것이 이동도서관移動圖書館의 효시嚆矢라고 평가하기도 한다. 그는 한번 읽은 책은 마차 밖으로 던지는 습관이 있었는데 그 책을 부하들이 읽고 나폴레옹의 생각을 미리 짐작하고 대처對處할 수 있었다는 일화까지 있다.

독서를 통하여 다양한 지식을 얻은 나폴레옹은 군사적인 측면에서두 다른 나라의 군대를 압도壓倒하는 전투 발전을 보였는데, 부대 단위를 쪼개어 사단 편제師團 編制로 만듦으로써 부대의 기동 속도를 현저하게 높인 것이나, 포병 탄약彈藥의 크기를 통일시켜서 화력 지원火力 支援 능력을 배가시킨 것들은 당시에 생각할 수 없었던 획기적인 시도였다.

한편, 군사뿐 아니라 역사와 문학, 예술 등 모든 면에서 남다른 지식을 섭렵涉獵한 나폴레옹은 프랑스를 유럽에서 가장 부강하고 문화가 꽃피는 나라로 만들었으며 동시대를 산 괴테나 헤겔 등으로부터도 높이 평가를 받았는데, 어느 날 헤겔이 나폴레옹을 보고 "저기 이 시대의 지성知性이 간다"는 말을 하였다는 일화가 전해진다.

군사 전문가로 만드는
업무 수행 10계명

군사 분야는 워낙 방대尨大해서 모든 군사 분야에서 전문성을 가지는 것은 현실적으로 불가능하다. 그래서 병과兵科나 직능職能 등의 분류를 통해서 어느 한 분야에 정통精通한 인재를 만들려고 하는 것이 일반적인 추세趨勢이다. 그러나 고급 지휘관으로 올라갈수록 특정 분야의 깊은 지식보다는 폭넓은 사고思考와 이해력이 더 필요해진다. 다양한 의견을 듣고 그중에서 어느 한 가지를 결정하는 것은 그리 쉬운 일이 아니다. 군이 계급과 직책을 나누고 거기에 상응하여 지휘해야 할 폭을 다르게 하는 것은 그러한 점을 염두에 둔 것이다. 그러므로 낮은 계급에서부터 이러한 훈련을 받아서 자기만의 능력을 키우는 게 성공하는 군인의 길이다.

군사 전문성 하면 군사력 운용에서의 전문성 즉, 싸 우 는 방법에서의 전문성을 가장 먼저 떠올리게 되지만, 결코 그것만을 의미하는 것이 아니라 군사 분야 전반에 걸쳐서 군인에게 요구되는 능력을 가지고 있음을 나타낸다. 거대한 군 조직을 운용하는 데 필요한 기술과 절차節次에 관한 지식, 부하들을 지도하는 능력 등도 모두 군사 전문성의 범주에 포함되는 것이다. 군대는 전시戰時를 대비하는 조직이기는 하지만 전시보다 평시인 기간이 훨씬 많기 때문에 군인의 전문성은 오히려 평시平時에 더 잘 평가된다. 그래서 내가 평상시에 업무를 수행했던 경험을 바탕으로 '업무 수행 10계명十誡命'을 만들어서 부하들에게 권장하였는데 나름대로 많은 성과成果가 있어서 소개한다.

업무 수행 10계명

1. 본래의 목적에 충실해라.
   - ★ 결과를 먼저 구상하면 최소한 배가 산으로 가는 일
     은 없을 것이다.
2. 생각을 깊게 하고, 논리를 먼저 세워라.
   - ★ 무조건 덤벼드는 것은 바보나 하는 짓이다.
3. 일은 끝까지, 깔끔하게, 더 이상 질문이 없도록 하라.
   - ★ 상대방의 입장에서 생각하면 다 해결된다.

---

4. 미리 예측하라.

   ★ 앞선 1분이 10시간을 벌어준다.

5. 창의적으로 접근하라.

   ★ '족보*'를 찾아서 생각 없이 베끼면 반드시 실패한다.

6. 관계자들과 충분히 소통하라.

   ★ '윗사람에게 하는 보고報告도 소통이다. 모르면 물어라.

7. 문제의식이 곧 답이다.

   ★ 문제 해결 방법이 꼭 하나만 있는 것은 절대로 아니다.

8. 관련된 지식을 먼저 확인하라.

   ★ 네 주변의 모든 것들이 정보의 보고寶庫이다.

9. 협조를 위해 먼저 손을 내밀어라.

   ★ 자기 손해임을 뻔히 알면서도 손해를 보는 사람은 모두가 도와준다.

10. 언제나 지식을 넓혀서 통섭하라.

    ★ 배움의 끈을 절대로 놓지 말라. 융합이 답이다.

어느 정도 군 생활을 한 중견간부中堅幹部들은 별도의 설명이 없더라도 쉽게 이해하고 받아들일 수 있겠지만, 군의 초급간부 또는 군

---

* 전임자나 선배들이 가지고 있는 업무와 관련된 자료를 칭하는 군내의 은어이다.

인이 되고자 준비 중인 이들에게는 추가적인 설명이 있어야 하지 않을까 하는 걱정이 들어 계명 하나하나에 대해서 간략히 설명하고 넘어가자.

1. 업무를 하다 보면 본말本末이 전도되는 경우를 종종 본다. 이 업무를 왜 해야 하는지에 대한 명확한 생각이 정리되어 있지 않아서 본질적 가치와 주변적 가치가 충돌衝突하게 되는 경우가 생기는 것이다. 이러한 때에는 처음으로 돌아가서 업무의 본질에 충실하려고 노력해야 한다. 본질本質은 바로 그 업무를 하는 목적目的이다. 왜 해야 하는지를 처음부터 차근차근 생각하는 버릇을 들여야 한다. 전체의 업무 과정을 다 그릴 수 없다면 최소한 원하는 결과End State라도 머릿속으로 그려놓아야 실패할 가능성이 매우 낮아진다.

2. 업무를 부여받으면 먼저 전체의 과정過程을 머리로 그려 보는 시간을 반드시 가져야 한다. 그러면서 자기 나름의 '논리論理의 틀'을 세우고, '자기가 창안한 논리를 어떻게 이어갈 것인가?' 하는 논리의 연쇄連鎖에 대해 고민해야 한다. 업무 수행의 성공을 위해서는 이 시간이 가장 중요한데 이것만 제대로 하면 나머지 일들은 사실 부수적附隨的일 따름이다. 초기 업무 수행의 대부분의 시간과 노력을 여기에 투자하는 게 절대적으로 중요하다. 사람들은 대개 생각을 다듬지 않고 일단 덤벼드는 경향이 있는데 그것은 업무의 기본을 모르는 바보나 하는 짓이다.

3. 업무를 부여받고 지금 추진推進중에 있다면 그 업무와 관련된 상하, 인접에서 하나의 의문疑問도 제기되지 않아야 제대로 업무를 수행하고 있는 것이다. 만약, 상급자가 중요한 의문을 제기한다면 이론의 여지도 없이 실패한 것이고, 또한 그 업무와 관련된 개인이나 처부에서 문의 전화라도 온다면 업무의 완성도가 미흡未洽하다는 걸 방증傍證하는 것이다. 이러한 실패를 방지하기 위한 좋은 방안은 상대방 입장에서 생각해보는 것이다. 내가 만약 을乙이라면 나는 어떤 느낌일까를 생각하면 답이 보일 것이다.

4. 업무를 예측豫測할 수 있다면 다른 사람보다 유능하다고 인정받기 쉬울 것이다. 그런 경지에 들어서려면 주변의 모든 사안에 대하여 관심을 가지고 있어야 한다. 소위 안테나를 높이 세워야 한다는 것이다. 자기의 소관 업무所管 業務 울타리에만 함몰되어 전체를 조망眺望하지 못하면 예측력을 높일 수 없다. 미리 파악하여 신속迅速하게 반응하면 지시를 받고 출발한 사람보다 엄청난 시간을 벌 수 있으니 촉각을 세우고 나에게 부여될 업무를 미리 생각하는 습관을 길러야 한다. 'What If'를 생활화하는 것이 예측력豫測力을 높이는 데 매우 유용한 수단임을 다시 한번 강조한다.

5. 업무를 부여받은 많은 사람이 하는 첫 번째 일은 그 일과 연관된 과거의 자료資料를 찾아보는 것인데, 이것은 절대로 피해야

할 잘못된 습관이다. 물론, 업무에 대한 지식이 없어서 여러 자료를 찾아보는 게 필요는 하지만, 그것이 가장 '먼저'여서는 안 된다는 게 나의 지론이다. 업무의 성패는 자기의 독창적獨創的인 생각을 담아내는 것이지 남의 생각을 옮겨놓는 것이 아니기 때문이다. 선배들이 만든 소위 족보族譜를 구해서 보는 게 첫 번째 행위였다면 자기의 생각이 생겨날 여지餘地를 스스로 자르는 것이라고 보아도 틀림없다. 올바른 업무 수행 절차는 자기의 생각과 논리를 만들어서 업무 수행에 대한 전체적인 그림을 그려놓고 난 후에 혹시 빠진 것이나 자기가 미처 생각하지 못한 게 있는지를 확인하기 위해서 선배들의 족보를 참고하는 수순手順을 밟는 것이다. 자기의 생각 근육筋肉을 기르지 않고 남들이 만든 길을 따라간다면 한 번은 어떻게 요행僥倖으로 넘어갈 수 있을지는 모르지만, 매번 성공하기는 불가능하다는 점을 명심銘心해야 한다.

6. 모든 업무는 여러 사람과 조직이 상호 연관성相互 聯關性을 가지고 있어서 초기 단계에서부터 많은 대화와 협조協調가 필요하다. 자기가 주무부처에 있다고 하여 관련자들을 홀대忽待하고 일방적으로 지시만 남발濫發하는 사람은 업무 수행 전반에 엄청난 마찰을 불러온다. 업무 과정 상에서 상급자에게 하는 다양한 형태의 보고報告도 소통의 한 방편이다. 의사결정권자의 의중意中을 정확히 알아야 할 필요가 있는 경우라면 혼자서 점쟁이가 되려고 하지 말고 솔직하게 묻는 것이 백 번 낫다는 점

을 인식해야 한다. 원활한 소통을 통하여 상급자의 마음에 있는 생각을 잘 채굴採掘하는 것도 매우 중요한 업무 능력이다.

7. 상급자들은 아랫사람들이 창의적으로 문제에 접근하는 것을 좋아한다. 창의적이려면 문제의식問題意識을 가지고 있어야 한다. 문제만 잘 뽑아내면 답은 거의 나온 것과 진배없다. 의사醫師가 정확하게 진단診斷한다면 아무리 나쁜 병이라도 치료가 가능한 것과 같은 이치이다. 여기에서 중요한 것은 많은 경우에 있어서 답이 꼭 하나가 아니라는 것이다. 업무에 미숙한 사람은 자기가 만든 답만 정답인 것으로 착각해서 거기에만 집착하는 경향이 있는데, 많은 경우에 답은 여러 개이며 오히려 선택의 문제가 더 중요할 수도 있다. 생각을 다양하게 하려면 문제의식 또한 다양하게 갖는 연습이 필요하다. 문제의식과 관련하여 내가 부하들에게 자주 써먹는 박종하의《틀을 깨라》는 책에 나오는 재미있는 글을 소개한다.

워싱턴주에 있는 토머스 제퍼슨 기념관의 외곽 벽이 심하게 부식되고 있었다. 원인을 파악하는 과정에서 관리 직원들이 돌을 필요 이상으로 청소하기 때문이라는 뜻밖의 사실이 밝혀졌다. 사람들은 덜 자극적인 화학 세제를 사용해야 한다고 지적했다. 그런데 당시 기념관 관장은 이런 질문을 던졌다. "왜 제퍼슨 기념관을 그렇게 청소하는가?" 이유는 비둘기들이 떼 지어 몰려와 똥을 싸놓고 가기 때문이다. 관장은 또 다음과 같은 질문을 던졌다. "그런데 비둘기들은 왜 몰려오는 걸까?" 거미를 잡아먹기 위해서였다. 관장은 또 한 번 질문했다. "왜 그렇게 거미가 많은 것인가?" 거미들이 많이 꼬이는 이유는 나방 때문이다. 나방이 많이 날아들어 나방을 먹고 사는 거미가 많이 몰려들었던 것이다. 관장은 또 한 번 물었다. "왜 그토록 많은 나방이 생기는 것일까?" 알고 보니 해 질 녘 켜놓은 기념관 불빛이 나방을 끌어모았던 것이다.

연속적으로 질문을 던진 끝에 근본 문제가 기념관의 불빛이라는 놀라운 사실을 알아내고, 자연스럽게 해결책도 찾을 수 있었다. 그 후 제퍼슨 기념관은 외곽 조명을 2시간 늦게 켰다. 나방이 모이는 시간대에 불을 켜지 않으니 나방이 날아들지 않았고, 자연히 거미도 없어지면서 비둘기 역시 몰려들지 않았다. 결국, 기념관 외곽 조명을 2시간 늦게 켠 것이 기념관 벽의 부식을 막는 해결책이었다.

문제해결 방법 중의 하나인 '5WHY 기법'을 설명하면서 든 예화例話인데, 문제의식을 가지고 '왜?'라는 질문을 다섯 번 던지라는 것이다. 다섯 번이라는 숫자에 큰 의미가 있는 게 아니라 더 이상 질문이 필요 없을 때까지 파고들어 근본 원인根本 原因을 밝혀야 완전한 해결책解決策이 나온다는 말이다. 문제의식을 가지고 근본 원인을 찾아서 제거除去하지 않으면 문제가 재발할 수밖에 없는 것이다.

8. 업무를 제대로 수행하기 위해서는 업무와 관련된 많은 지식을

알아야 한다. 아는 만큼 보인다는 명제命題는 미술품 감상美術品 鑑賞에만 필요한 게 아니라 업무를 수행하는 데에도 절대적으로 필요한 것이다. 따라서 평소에 업무와 관련된 지식을 습득하기 위한 노력을 게을리하면 유능한 인재로 평가받기 어려운 법이다. 앞의 6번에서 이미 언급한 것처럼 관계자들과 소통하면서 주변에 널려 있는 이용 가능한 모든 것들을 찾아서 업무에 활용하는 지혜가 필요하다.

9. 업무를 하다 보면 자기 일이 우선이라는 생각으로 협조를 등한히 하는 하수下手들을 자주 본다. 그러나 긴 안목에서 보면 자기중심적인 업무 스타일은 종말에 파탄破綻을 불러옴을 명심해야한다. 다면화된 세상에서 어떤 개인이나 조직도 홀로 완벽하게 업무를 추진할 수 없다. 비록 자기가 손해損害를 보더라도 먼저 다른 사람의 업무를 도와주는 사람이 최후의 승자가 됨을 명심하고 성실하게 협조하는 자세를 견지하기 바란다. '이타이기利他利己'라는 말이 생각난다. '남을 돕는 것이 제대로 자기를 돕는 것'이다.

10. 남들이 생각해 내지 못한 기가 막힌 아이디어! 지금까지 해결되지 않았던 조직의 난제難題를 일거에 해결할 수 있는 새로운 착상着想! 아마도 모든 사람이 꿈꾸는 것들일 테지만 참으로 듣기 어려운 칭찬임이 현실이다. 그런 칭찬을 받으려면 비록 지금 당장은 자기의 업무와 직접적인 연관이 없는 것처럼 보이

는 모든 것에까지 관심을 가지고 공부하는 자세姿勢가 필요하다. 지식이 모이고 모여서 새로운 지혜를 만들어내는 것이니 그 수준에 오를 때까지 공부를 게을리하지 말아야 한다. 순자가 "적토성산 풍우흥언(積土成山 風雨興焉, 흙을 쌓아서 높은 산을 만들면 산꼭대기에서는 자연히 비바람이 생긴다)"이라고 말하였듯이 여러분이 지식을 쌓아가다 보면 언젠가 융합融合과 통섭統攝의 시간을 저절로 맞이하게 될 것임을 기억하기 바란다.

———

보잘것없는 하루를 반복하여
대단한 하루를 만들어라.

책임責任

도맡아 해야 할 임무나 의무

책임을 없애는 유일한 방법은 책임을 이행하는 것이다.

나는 영화를 즐겨보는 편인데 영화를 보면서 그 영화를 만든 감독監督이 영화를 통해 주고자 하는 메시지를 늘 찾고자 고민하는 버릇이 있다. 군인들이 작전계획을 수립하면서 엄청난 고민을 하듯이 모든 영화에는 감독의 고뇌苦惱가 담겨있다고 생각하기 때문이다. 비단 영화만이 아니라 내 주변의 모든 것들이 이러한 대상이긴 하다.

큰 힘에는 큰 책임이 따른다

2002년에 개봉한 샘 레이미 감독의 미국 할리우드 영화 〈스파이

더맨 1)의 마지막 장면을 보자. 우연한 기회에 특별한 능력을 갖게 된 주인공은 일련의 사건들을 통해 영웅의 마인드를 갖게 된다. 주인공의 삼촌인 벤 파커는 주인공 피터 파커가 예전과는 좀 달라진 것을 알고 일전에 피터를 괴롭히던 애들과의 싸움을 언급하며 비록 그들이 잘못하긴 했지만 그들을 때릴 권리가 너에게 있는 건 아니라면서 "큰 힘에는 큰 책임이 따른다"고 말한다. 3,000달러를 벌기 위해 아마추어 레슬링 대회에 참가한 주인공은 2분 만에 상대를 쓰러뜨리지만 관계자는 3분이 아닌 2분 안에 이겼다며 단돈 100달러만 지급한다. 이에 화가 난 주인공은 사무실에 강도가 들었는데도 "나와 상관없는 일"이라며 수수방관袖手傍觀하는데 그 강도가 피터를 태워 집으로 가기 위해 기다리고 있던 삼촌 벤 파커를 살해하고 만다. 주인공 피터의 머릿속은 아까 그 강도를 잡지 않아서 이런 일이 벌어졌다는 생각이 가득 차면서 벤 삼촌이 한 말인 "큰 힘에는 큰 책임이 따른다"가 유언처럼 강렬하게 다가온다.

그리하여 악당들을 퇴치하는 데 힘을 쏟던 스파이더맨은 영화 마지막에 이렇게 혼자서 중얼거린다.

Whatever life holds in store for me, I will never forget these words. With great power comes great responsibility. This is my gift, my curse. Who am I? I am Spiderman!

앞으로 내 인생에 어떤 일이 일어나든지 나는 이 말을 절대 잊지 못할 것이다. 큰 힘에는 반드시 큰 책임이 따른다. 이것은 나에게 선물이자 저주이다. 내가 누구냐고? 나는 스파이

영화 〈스파이더맨 1〉의 포스터

더맨이다.

주인공 피터 파커가 짝사랑하는 여자 친구의 사랑 고백을 뒤로하고 거미줄을 발사發射하면서 빌딩을 뛰어넘으며 혼자 중얼거리던 그 명대사名臺詞을 다시 읊어보자. "With great power comes great responsibility!" 이 말은 원래 프랑스의 볼테르가 먼저 하였다고는 하는데 여기서 그것이 중요한 건 아니니 넘어가자.

나는 이 말이 우리 군인들에게 하는 말이라고 느낀다. 우리는 우리가 가지고 있는 능력이 얼마나 큰 힘인지 똑바로 인식認識할 필요가 있다. 예를 들어보자. 2016년 2월부터 인기리에 방송되었던 KBS 특별기획 드라마 〈태양의 후예後裔〉의 주인공 유시진 대위의 직책은 중대장이었다. 드라마 끝부분에서는 소령으로 진급하지만 일단 대위 그리고 중대장에 초점을 맞추자. 비록 특전사 중대장이다 보니 일반 보병사단에 비해 부하들이 많지는 않았지만 유시진 대위는 자신의 판단하에 부하가 잘못을 했을 경우, 그 부하의 인신人身을 군사법원 판사軍事法院 判事의 영장을 발부받아 최장 15일까지 구속拘束할 수 있다.* 이는 평시에 해당하는 것이고 전시에는 더 큰 힘이 부여된다. 평상시 중대장의 정당한 명령이나 지시 사항에 따르지 않았다고 개인의 인신을 15일의 긴 시간 동안 구속할 수 있는 권한은 어떤 재벌 2세도 가지지 못하는 권한이다.

군인 특히 지휘관은 엄청난 권한을 가지고 있는데 평시에는 군

---

* 군 인권과 관련된 군 사법 개혁에 따라서 몇 년 안에 영창 제도는 폐지될 것으로 보인다.

대 내 규칙規則을 정할 수 있는 권한, 형사처벌과 징계처벌懲戒處罰을 할 수 있는 권한, 진급과 보직을 결정할 수 있는 권한을 갖고 있으며, 전시에는 군대 외 계엄지역戒嚴地域 내 행정과 사법을 장악할 수 있는 권한, 국민의 인권과 재산을 제한할 수 있는 권한 등을 국가로부터 부여받는다. 이 세상의 어느 누구도 합법적으로 타인에게 폭력을 가할 수 없다. 그러나 군인은 유사시 적에게 폭력 이상을 가해야 하는 존재들이다. 군인이 자신에게 부여된 힘과 그에 따른 큰 책임을 인식하지 못한다면 어떻게 되겠는가? 따라서 우리 군인이 가지고 있는 힘이 얼마나 큰 권한인지 인식하는 것과 본인이 가지고 있는 큰 힘을 제대로 쓰려면 어떻게 해야 하는지 명확하게 인식하는 것은 매우 중요한 일이라고 생각한다.

"With great power comes great responsibility!" "큰 힘에는 큰 책임이 따른다!" 여러분은 군인으로서 여러분이 가지고 있는 권한이 얼마나 크고 그 책임이 얼마나 무거운지 확실히 인식할 필요가 있다.

군인의 책임

'책임責任'이란 '각자가 맡아서 해야 할 임무와 의무'로 각자에게 주어진 책임을 남에게 전가하거나 회피해서는 안 되고 오직 자신만이 져야 하며, 행위의 결과에 따라 도덕적 또는 법률적으로 불이익 또는 제재制裁를 받게 된다.

인간은 공동체의 구성원으로서 지고한 가치價値를 창조하면서 주어진 역할에 따라 각자 책임을 수행하고 있다. 이러한 책임에는 자신의 삶에 대한 책임, 가정에 대한 책임, 직장과 직책에 대한 책임, 사회에 대한 책임, 국가와 국민에 대한 책임, 더 나아가 세계 평화와 인류에 대한 책임들이 있다. 인간은 생활 자체가 책임의 연속이며, 책임은 일상생활과 함께 존재한다. 그러나 군인의 책임은 이러한 일반적인 의미와는 다르다. 즉 군대는 특수한 목적과 사명, 계급적 조직이 요구하는 위계질서位階秩序를 위한 명령과 그에 대한 절대적 복종服從이 필요한 집단이므로 군인은 바로 책임의 분신이라고 할 수 있다. 군 생활 자체가 바로 책임의 생활인 것이다.

군인은 계급과 직책에 따라 명확한 책임이 부여돼 있다. 비록 직책에 따라 임무가 서로 다를지라도 '군인의 지위 및 복무에 관한 기본법' 제5조 국군의 강령綱領에서 밝히고 있는 것처럼 모든 군인은 다음과 같은 이념理念과 사명, 그리고 행동 강령을 갖게 되며 이러한 궁극적 목표는 모두가 동일하다.

1. 국군은 국민의 군대로서 국가를 방위하고 자유 민주주의를 수호하며 조국의 통일에 이바지함을 그 이념으로 한다.

2. 국군은 대한민국의 자유와 독립을 보전하고 국토를

방위하며 국민의 생명과 재산을 보호하고 나아가 국제 평화의 유지에 이바지함을 그 사명으로 한다.

3. 군인은 명예를 존중하고 투철한 충성심, 진정한 용기, 필승의 신념, 임전무퇴의 기상과 죽음을 무릅쓰고 책임을 완수하는 숭고한 애국애족의 정신을 굳게 지녀야 한다.

군인에게 임무란 그것이 특별 임무 수행을 위해 한시적으로 주어진 임무이든, 직책과 관련된 임무이든 책임을 완수하기 위해서라면 단 하나뿐인 자기의 생명까지도 바쳐야 한다는 점을 특징으로 하고 있다. 따라서 책임은 절대적인 것으로서 이를 이행하지 않았을 때 그 결과에 따라 법률적 제재를 받게 된다. 이와 같이 군 조직에서 특별히 책임이 강조되고 있는 이유는 군 조직에 부여된 역할은 국가운명國家運命과 직결되고, 만일 책임을 다하지 못했을 때에는 그 결과가 너무나 엄청나고 심각하기 때문이다. 또한, 군 조직 임무는 어려운 환경과 생사를 초월超越한 극한적인 상황 속에서 수행되므로 왕성한 책임감과 군은 의지가 결여되면 임무 수행은 불가능할 것이다. 따라서 군인에게 책임의 가치는 더욱 크며, 책임을 다하는 것이 가장 큰 보람임을 명심해야 한다.

군인으로서 책임의 가치를 고양高揚하기 위해서는 첫째, 자기 책임을 남에게 전가하거나 회피하는 비겁한 행동을 해서는 안 되며 책임을 경솔하게 생각해서도 안 된다. 둘째, 개인과 군의 존재 이유 및 가치價値를 인식해야 한다. 내가 살고 있는 내 나라를 지키고 내 겨레를 사랑하는 것이 국민의 군대인 우리 군의 존재 목적이며 군의 본질적 임무이다. 따라서 이에 대한 무한한 긍지矜持와 자부심을 견지해야 한다. 셋째, 군인다운 사람이 되어야 한다. 비단 군인으로서 군인답게만 되어야 한다는 이야기가 아니라 가정에서는 아버지답게, 어머니답게, 군에서는 상관답게, 부하답게, 각자의 위치에서 자기에게 부여된 맡은 바 임무와 역할을 다하는 사람으로 있어야 한다는 말이다. 그렇지 않은 군인은 조직의 구성원으로서의 존재 의의를 상실한 것과 같음을 인식해야 한다. 군인으로서 임무는 선택할 수 없으나 임무 수행을 위한 수단과 방법은 얼마든지 선택할 수 있으므로 선택한 것에 대해서는 반드시 책임을 지도록 해야 한다. 그리하여 '책임을 다하는 군인', '책임 앞에 충직忠直한 군인상'을 국가와 국민 앞에 각인시킬 수 있도록 노력해야 한다.

계급이 높아진다는 말은 감당勘當해야 할 무게가 커지는 것이며 책임의 크기가 이전과 비교할 수 없이 중요해진다는 말과 동의어同義語이다. 그러므로 지휘관의 결정은 그 자체가 고뇌다. 어려운 결정을 내리는 순간마다 지휘관은 책임을 져야 한다. 눈을 뜨고 있을 땐 부하와 그들의 가족에 대한 책임을 다해야 한다. 잠자리에 들기 전에는 자기가 일을 제대로 하고 있는지 냉철하게 성찰省察해 봐야 한다. 국가적 명예와 일의 흥미도 중요하지만, 지휘관에게는 무엇보다 부하들에 대한 분명한 책임의식이 있어야 한다.

죽음으로
책임을 완수

버큰헤드호號를 기억하라! Remember Birkenhead!

영국 국민 모두가 긍지를 가지고 지켜 내려오는 전통傳統이 있다. 위험한 상황에서 꼭 이 말을 한다. 항해 중에 재난災難을 만나면 서로서로 상대방의 귀에 대고 조용하고 침착한 음성音聲으로 "버큰헤드호를 기억하라"고 속삭인다는 것이다. 해양 국가인 영국의 해군에서 만들어진 이 전통 덕분에 오늘날까지 헤아릴 수 없는 많은 생명이 죽음을 모면謀免해왔다. 일찍이 인류가 만든 많은 전통 가운데 이처럼 지키기 어려운, 또 이처럼 고귀한 것도 아마 또 없을 것이다.

1852년, 영국 해군의 자랑으로 일컬어지고 있던 수송선 '버큰헤드호'가 수병水兵들과 그 가족들을 태우고 남아프리카로 항해 중이었다. 그 배에 타고 있던 사람은 모두 630명으로 130명이 여성과 아이들이었다. 새벽 2시. 항해 도중 아프리카 남단南端 케이프타운으로부터 약 65킬로미터가량 떨어진 해상에서 배가 바위에 좌초됐다. 구명정救命艇은 3척인데 1척당 정원이 60명이니까 구조될 수 있는 사람은 180명 정도가 고작이었다. 더구나 이 해역海域은 상어가 우글거리는 곳이었다. 반 토막이 난 이 배는 시간이 흐를수록 물속으로 가라앉고, 엎친 데 덮친 격으로 풍랑風浪은 더욱더 심해져 갔다. 죽음에 직면해 있는 승객들의 절망적인 공포는 이제 극에 달해 있었다.

함장艦長인 시드니 세튼 대령은 전 장병들에게 갑판 위에 집합하도록 명령을 내렸다. 수백 명의 군인은 함장의 명령에 따라 마치 아무런 위험이 없는 듯 훈련 때처럼 민첩敏捷하게 열을 정돈하고 나서 부동자세不動姿勢를 취했다. 그동안 한쪽 편에서는 횃불을 밝히고 여성들과 아이들을 3척의 구명정救命艇에 나누어 싣고 하선시켰다. 마지막 구명정이 그 배를 떠날 때까지 군인들은 갑판甲板 위를 지켰고, 구명정에 옮겨 타 일단 생명을 건진 여성들과 아이들은 갑판 위에서 의연한 모습으로 죽음을 맞는 군인들을 바라보며 흐느껴 울었다. 마침내 버큰헤드호가 파도에 휩쓸려 완전히 침몰하면서 군인들의 모습도 모두 물속으로 잠겨 들었다.

그날 오후 구조선이 도착하여 살아남은 사람들을 구출했는데, 이미 436명의 목숨이 수장水葬된 다음의 일이었고 세튼 대령도 숨졌다. 목숨을 건진 사람 중의 하나인 91연대 소속의 존 우라이트 대위가 나중에 이렇게 술회述懷했다. "모든 장병은 의연했다. 누구나 명령대로 움직였고 불평 한마디 하지 않았다. 그 명령이라는 것이 곧 죽음을 의미하는 것임을 모두 잘 알면서도 말이다."

버큰헤드호의 함장 세튼 대령과 세월호의 선장 이준석

이 사건은 영국은 물론 전 세계 사람들에게 큰 충격을 던져주었다. '어린이와 여자 먼저'라는 훌륭한 전통이 1852년의 '버큰헤드호'에서 시작되었다. 인간으로서 보일 수 있는 최대한의 자제自制와 용기를 나타낸 행위였으면서, 동시에 책임을 가진 군인으로 당연히 가져야 하는 의무의 이행이었지 않았을까 생각한다.

부하들을 대상으로 교육할 때 나는 버큰헤드호의 함장 세튼 대령의 사진과 세월호 이준석 선장이 세월호를 탈출하는 모습의 사진을 같이 보여주며 둘의 차이를 묻곤 했다. 여러분도 머릿속으로 상상해보기 바란다. 최후의 순간까지 해군 정복正服을 입은 세튼 대령의 군인다운 모습—사실 세튼 대령은 육군陸軍 장교이다—과 선장 유니폼은 벗어 던지고 팬티에 상의上衣만 걸친 채 세월호를 탈출하던 이준석의 모습을. 이 두 사람은 무엇이 다른가? 한 사람은 제복制服을 입고 있으며 한 사람은 입고 있었던 제복을 벗고 있다는 것이다. 세월호가 좌초坐礁되었을 때 이준석 선장은 발가벗고 배에서 탈출하였다. 그도 차마 선장복船長服을 입은 채로는 배를 빠져나올 수 없다는 점을 너무 잘 아니까 그렇게 옷을 벗고 나온 것일 터이다. 만약 이준석이 선장복을 계속 입고 있었더라면 배와 운명運命을 같이 했을 것으로 나는 믿는다. 이준석도 제복이 주는 책임감을 알았으니까…. 제복을 입고 사는 군인들은 제복을 입을 때마다 제복이 부여하는 책임을 잊지 말고 군인의 길을 가야 한다.

위급한 순간에는
책임감을 행동으로 보여라

고故 강재구 소령은 모든 사관생도士官生徒들의 롤모델이다. 육사 16기인 강재구 대위는 베트남 파병을 앞두고 훈련을 하던 중에 부하가 실수로 떨어뜨린 수류탄을 몸으로 덮쳐 수많은 부하의 생명을 살리고 산화한 살신성인殺身成仁의 표상으로, 순직 후 소령으로 추서된 우리의 영웅이다.

그분의 희생정신을 기리기 위해 육군사관학교의 화랑연병장花郎練兵場을 바라보는 곳에 큰 동상이 세워져 있는데, 그의 후배들인 생도들은 화랑연병장에서 퍼레이드를 마치고 동상 앞을 지날 때 항상 〈재구가〉라는 노래를 부름으로써 선배에 대한 예의를 표하고 자기도 강재구와 같은 멋진 군인이 되기를 다짐하곤 한다.

재구가

해달같이 눈부신 기백과 정열
끝없이 타오르는 횃불을 보라
동지들을 구하려고 제 몸 던졌네
저 님은 살아 있는 의기의 상징
장미같이 향기로운 피를 뿜어서
거룩한 불사신의 이름 새겼네
지축을 흔드는 정의의 외침
너와 나 가슴마다 메아리친다
내 나라 내 겨레 위해서라면
재구처럼 이 목숨 아끼지 않으리

당시 중대장이었던 강재구의 군인정신을 계승繼承하는 의미로 육군에서는 매년 군단 단위에서 1명의 전투중대장을 선발하여 '재구상在九償'을 수여하는데 전군의 모든 중대장이 가장 받고 싶어 하는 상賞이다.

나는 강원도 가장 동쪽에서 철책을 지키는 보병중대장을 했다. 독일에서 기계화 부대機械化 部隊에 대한 선진 전술을 배웠음에도 불구하고 최전방의 철책 담당鐵柵 擔當 중대장으로 보직된 것이 처음에는 이해가 되지 않았다. 나중에 내가 그곳에 가게 된 이유를 알게

재구 동상 앞을 지나는 육군사관생도들의 퍼레이드 대열

되었는데 우리 군이 적들을 제대로 감시監視하기 위하여 1개 중대가 담당하던 남방 한계선 철책을 1킬로미터 정도 북으로 옮겨서 설치하였고, 그러다 보니 다른 어떤 지역보다 중요한 곳으로 평가되어 똑똑한 중대장이 필요했기 때문이라고 들었다. 상황이 이러다 보니 중대본부는 우리나라 가장 동쪽에 설치하였던 GP를 그대로 쓰게 되었고, 중대본부 주변은 온통 철조망과 지뢰地雷로 둘러싸여 있어서 순찰을 나가거나 소초의 장병들이 업무차 중대본부에 오더라도 빙 둘러서 들어오는 불편함이 많았다. 하루는 연대장님께서 우리 중대를 현장 지도現場 指導 하시다가 그런 모습을 보시고 중대본부로부터 철책으로 이어지는 100여 미터의 통로通路를 개척開拓하라는 임무를 주셨다. 그런데 그 공간은 우리가 적의 침투를 저지하기 위하여 지뢰를 설치한 곳이어서 통로를 개척하는 것이 여간 어려운 일이 아니었으며, 중대본부의 일을 소대에 맡기는 것도 부적절하여 내가 중대본부 요원들과 직접 통로를 개척하기로 하였다.

그때까지 연습용이 아닌 실물實物 지뢰 제거를 직접 해본 적은 없었지만, 국내의 장교 양성 교육 과정을 통해서 탐색 및 제거하는 방법은 알고 있었고 다행히 독일에서 지뢰 및 폭파 과정을 이수하고 귀국하였던 터라 그리 큰 문제는 아닐 것으로 판단하였지만, 나보다 교육 경험이 적은 부하들에게 위험한 일을 맡길 수 없어서 내가 최선두에서 풀을 베고 대검帶劍을 이용하여 촘촘히 통로를 개척하면서 나갔다. 폭 2미터, 길이 100미터의 통로를 대검을 활용하여 5센티미터 간격으로 찌르며 나가는 데는 많은 집중이 필요한데, 시간이 지남에 따라 예상했던 것과 달리 지뢰가 몇 발밖에 발견되지 않자 나의 집중도는 떨어지고 반대로 개척 속도開拓速度가 점점 빨라졌다. 중간 정도에 이르렀을 때 나를 앞질러 나간 인사계원이 비탈길에 서 있는 나를 돌아보다가 깜짝 놀라며 "중대장님, 가만히 계십시오. 중대장님 발밑에 지뢰가 있는 것 같습니다"라고 말하였다. 순간 정신이 번쩍 들었다. 가장 먼저 떠오른 생각은 함께 있는 부하들을 살려야 한다는 것이었다. 당시 나는 결혼하여 아들 하나를 두고 있었던 가장이었음에도 불구하고 솔직히 가족 생각은 하나도 머릿속에 없었다. (지금도 집사람은 이 부분에서 매우 섭섭해한다!) 〈재구가〉를 부르며 지냈던 군인의 DNA가 나를 그렇게 만들었는지 모르겠다.

인사계원을 제외한 나머지 중대본부 요원을 벙커로 모두 대피待避시키면서 내가 어디로 피해야 살 수 있을까를 곰곰이 따져봤는데, 살 가능성이 거의 없었다. 주변은 온통 지뢰밭이요, 밟고 있다는 지뢰는 장약裝藥에 의해 하늘로 튀어 오른 후에 공중에서 폭발하는 도약 폭풍식 M16A1 지뢰이니 내가 새가 아닌 다음에야 별 뾰족한 수가 보이지 않았다. 땅에 엎드려서 내가 지뢰를 어떻게 밟고 있는지를 자세히 살피던 인사계원이 지뢰의 삼각뿔을 밟고 있는 게 아니라 그 위를 지나가는 얇은 나무뿌리를 밟고 있는 것으로 보이니 발을 조심히 떼어보라는 건의를 하였다. 나는 이제 인명人命은 재천在天이라는 생각으로 인사계원마저 벙커로 대피하라 한 후에 아주 서서히 발을 들었다. '어느 순간에 '쉭'하는 소리를 내며 지뢰가 튀어 오를까? 그러면 나는 어디로 피하지?' 하는 생각을 하면서 그 짧은 시간이 참으로 길었던 기억이 새롭다. 다행히 내가 밟은 것은 지뢰가 아니라 GP였던 중대본부를 감싸고 있었던, 그러나 시계 확보視界確保

육군사관학교 교장에게 재구상을 받는 김영식 중대장

를 위해 밑둥을 제거하였던 소나무의 작은 뿌리가 땅 위로 튀어나온 부분이었다. 그 지뢰를 캐내어 나중에 지뢰 신뢰도 검사檢査를 하였더니 제대로 터졌다. 뿌리가 아닌 삼각뿔을 밟았었더라면 지금의 나는 없었을 것이다.

그러나 그때의 상황을 냉정冷靜하게 평가하면 당시 나는 중대장으로서 무척 잘못된 조치를 하였다. 지뢰를 밟았다고 생각하면 부하들은 다 대피시키고 상급부대에 지뢰 제거를 전문으로 하는 EOD(Explosive Ordnance Disposal, 폭발물 처리)를 요청하여 안전하게 처리하는 게 맞았는데 당황한 나머지 거기까진 생각이 미치지 못했던 모양이었다. 중대장이 부하를 살리고 죽는 것은 당연하면서도 영광스러운 일이지만, 더 좋은 방법이 있음에도 불구하고 중대장이 제대로 조치하지 못해서 지뢰 사고로 사망했다는 것은 군의 명예를 실추失墜시키는 잘못된 행동이다.

강재구의 책임감을 제대로 배워서 실천한 결과인지 몰라도 나는 1987년에 군단을 대표하여 재구중대장상을 받는 영예榮譽를 안았다. 군 생활을 통해서 내가 받은 훈·표창은 보국훈장保國勳章 2개와 미국 공로훈장 2개, 그리고 대통령 부대표창大統領 部隊表彰 및 개인표창을 포함하여 111번이나 되지만 내가 가장 자랑스러워하는 상은 단연 재구상이다.

왕이 되려는 자, 왕관의 무게를 견뎌라.

— 셰익스피어

창의 創意

시금까지 없었던 생각이나 의견

익숙한 해변에서 눈을 떼지 못하면 신대륙을 발견할 수 없을 것이다.

4차 산업혁명産業革命으로 사회가 혁신적으로 발전하는 뉴 노멀 New Normal 시대의 중요한 화두는 창의創意와 상상想像, 융합融合이다. 우리 군이 현재뿐 아니라 미래의 전장에서 승리하기 위해서 지금까지의 싸우는 방법에서 과감果敢히 벗어나 새로운 개념을 창출創出해야 함은 수도 없이 강조되어 왔으나 그 성과는 미미微微한 편이다. 그 이유는 모두가 창의가 중요하다고 말하고, 창의적인 인재가 필요하다고 하면서도 정작 조직 내에서 창의를 별로 중요하게 생각하지 않아왔기 때문이다. 심하게 말하면 창의적인 아이디어를 제공하는 사람에게 "시키는 거나 똑바로 하라"고 윽박지르는 것이 우리의 실상實狀임을 부인하기 어렵다. 변화를 주장하면서도 변화에 가장 둔

감鈍感하고 저항적인 조직으로 군이 가장 대표적일 것이다. 그래서 모든 사람이 군을 보수保守의 아이콘으로 인식하는지도 모르겠다.

그러나 변화는 조직이 생몰生沒하는 데 있어서 필수불가결必須不可缺한 요구이다. 변화에 성공한 미군은 베트남전쟁의 대참사大慘事를 딛고 살아남았으며 이라크전쟁을 통해서 그들이 어떻게 성공적으로 변하였는지를 세계무대에 당당하게 보여주고 있지 않은가? 그러나 우리는 과거의 문법文法을 신봉하면서 변화를 귀찮은 것, 현재의 대비태세를 약화弱化시키는 요인 정도로 생각하고 있지 않은지 심히 걱정스럽다. 국방 개혁國防 改革의 요구가 십수 년 전부터 봇물 터지듯 하고 있음에도 불구하고 이런저런 이유로 그 진척進陟이 더딘 이유는 변화에 대한 절박함이 크지 않기 때문이라는 것 외에 달리 판단할 근거根據가 없다. 미래의 전쟁은 지금보다 훨씬 다차원多次元에서, 더욱 복잡하게 동시적同時的으로 진행될 것이다. 현재의 문법만을 가지고 문제를 해결하려면 답을 낼 수 없음은 명약관화明若觀火하다. 복잡한 문제를 해결하는 능력을 갖는 창의적인 군인이 그어느 때보다 요구되는 상황임을 깊이 인식해야 한다.

군인이 창의적이어야 하는 이유

군인에게 창의가 요구되는 이유는 그들이 마주하게 될 전투가 그이전에도 없었고 그 이후에도 없을 유일한 것unique이기 때문이다. 지난번 써먹어서 이긴 방법이 이번에도 통할 것이라고 생각하면 큰

일 난다. 손자도 '전승불복(戰勝不復, 전쟁에서 똑같은 방법으로 이기지 못함)'을 강조하면서 싸우는 방법을 계속 변화시켜야 한다고 '응형무궁(應形無窮, 이긴 방법을 응용하여 새로운 것을 만드는 것은 무궁무진함)'을 말하지 않았던가?

비록 상급 부대의 일부로서 전투에 참가하기 때문에 상급 지휘관의 의도意圖나 수령한 명령의 범위 내에서 작전을 한다 하더라도 행동으로 옮겨야 할 시점時點에서는 자기의 판단에 따를 수밖에 없다. 이때 그 군인에게 요구되는 것이 창의성이다. 무조건 상급 지휘관의 명령대로 움직일 것이 아니라 그 당시 상황이 나타내는 가장 합리적이며 효율적인 전투 수행 방법戰鬪 遂行 方法을 찾아야 하는 것이 정답이다. 우리는 이것을 임무형 지휘任務形 指揮―정확하게는 임무를 통한 지휘―라고 부른다. 독일군이 대大 몰트게 시절부터 발전시켜 온 임무형 지휘의 핵심 전제 조건은 '생각生覺하는 군인*'이다. 생각을 한다! 무엇을 생각하는가? 상급 지휘관의 의도意圖 범위 내에서 현 상황에 가장 잘 맞는 '이기는 방법'을 생각하는 것이다. 따라서 임무형 지휘를 제대로 하려면 자기 능력自己 能力을 가지고 임무를 완수하겠다고 생각하고 행동하는 장교단將校團이 있어야 한다. 나는 모든 군인, 특히 장교단이 독립적 주체獨立的 主體로서 자기의 생각이 분명해야 함을 강조하여 왔다.

그림은 어반이라는 학자가 만든 창의성 검사創意性 檢査를 위한 실

---

* 독일어로는 'Denkender Soldat덴켄더 졸다트'라고 하며, 영어로 표현하면 'Thinking Soldier' 정도가 된다.

어반의 창의성 실험 문제

험 문제인데, "여기 있는 기호記號를 이용해서 그림을 그리시오"가 요구 사항要求 事項이다. 여러분도 한번 해보기 바란다.

그림을 그리라고 하면 많은 사람이 박스 안의 5가지를 가지고 그림을 그리며, 박스 밖에 있는 하나까지도 이용해서 그리는 사람은 가끔 있는데 박스 자체自體까지 이용하여 그림을 그리는 창의적인 사람은 별로 없다는 것이 실험의 결과였다. 이 문제를 해결함에 있어서 누구도 박스를 사용하지 말라고 한 적이 없었음에도 불구하고 많은 사람이 스스로 '저 박스는 원래 있는 거니까 사용하는 게 아니다'라는 제한制限을 두었다. 저 틀이 우리의 자유로운 생각을 감금하는 감옥의 역할을 한다. 우리의 일상생활에서도 이런 경우를 흔하게 접한다. 누가 그러지 말라고 하지 않았음에도 스스로 한계를 정해 놓고 생각함으로써 창의적 습성이 서서히 도태陶胎되어간다. 자유로운 영혼을 갖는 우리는 생각을 자유롭게 할 수 있어야 한다. 그래야 창의성이 발휘된다.

창의성의 2가지 요소

우리는 창의를 '사고력思考力'이라고 쉽게 정의하고 있으며, 육군의 5대 가치 중 하나인 창의에 대한 육군의 정의*도 그러하다. 하지

---

* 창의란 고정관념에서 탈피하여 새로운 생각이나 착상으로 문제점을 찾아 해결하려고 하는 사고력.

만 나의 생각은 창의는 단지 사고력만을 의미하는 것이 아니라 서로 다른 2가지 요소의 결합結合으로 발휘된다는 것이다. 즉, 창의적인 생각Creative Thinking과 창의적인 기질Creative Character이 적절히 결합한 결과가 창의다. 창의적인 생각이란 말 그대로 새로운 생각이나 착상, 즉 사고력이다. 나는 창의적인 생각도 중요하지만 우리에게 더 필요한 것은 창의적인 기질氣質이라고 믿는다. 창의적인 기질이란 사람이 가지고 있는 태도, 품성, 자질을 말하는 것으로서 모험심冒險心, 도전정신挑戰精神, 실패를 두려워하지 않는 자세 등이 여기에 속한다고 생각한다. '이거를 해? 말아? 그런데 하다가 실패하면 어떻게 하지? 에이~ 그냥 하지 말아야겠다'는 것이 아니라 '한번 해보자. 까짓것 잘못되면 한번 혼나지 뭐. 그래도 배우는 게 있을 거야!'라는 자세를 창의적인 기질이라고 볼 수 있다.

'알프스를 넘어 적의 후방을 기습하자'라는 생각은 누구나 할 수 있다. 정확한 역사적 통계歷史的 統計를 찾아보지는 않았지만 그 문제를 가지고 고민했던 사람들이 무척 많았을 것이다. 여기까지는 창의적인 생각이다. 그런데 알프스라는 험악한 산맥을 넘어 적의 후방을 기습奇襲하는 행동으로 옮기는 과정에 생길 수 있는 수많은 위험 요소―군사적으로는 마찰摩擦이라고 부른다―를 극복하기로 담대膽大하게 결심한 사람은 지금까지 두 사람밖에 없었다. 카르타고의 한니발과 프랑스의 나폴레옹. 그들의 빛나는 성공 뒤에는 이런 창의적인 기질이 있었던 것이다.

우리가 창의성이 부족하다고 말할 때 나는 창의적인 생각이 부족해서가 아니라, 창의적인 기질이 더 크게 부족하기 때문이라고 진단

한다. 우리는 부하들이 그런 기질을 갖도록 만들어야 한다. 창의적인 기질이 본질적으로 타고나는 것이냐 아니면 양성되는 것이냐는 논쟁의 여지가 있지만 나는 양성될 소지가 충분히 있다고 생각한다. 부하들이 자기 생각을 가지고 하고 싶은 대로 활동할 수 있도록 만들어줘야 하는데 도전정신을 가진 후배 장교들에게조차 "그렇게 하지 마라, 그러다 사고 나면 네 군 생활은 다 끝나는 것이다!"라고 계속 끄집어 내리니까 애초에 도전정신을 가지고 있던 젊은 장교들이 점점 주눅이 들어 가능하면 도전을 회피回避하게 되고 결과적으로 창의성 없는 평범한 군인이 되어가는 것이다.

실패를 두려워하지 않아야 하는데 실패가 너무 두려워서 새로운 시도試圖를 꺼리는 복지부동 문화伏地不動 文化가 우리 틈에 자리 잡고 있는 것을 반성해야 한다. 그런데 이것은 젊은 장교들에게 책임을 물을 성질의 것이 아니라, 상급 지휘관들이 적극 나서서 해결해야 할 문제이다. 실패의 비용費用이 너무 컸기 때문에 젊은 장교들이 실패를 마주 보게 되는 상황을 두려워하게 되었으니 해답은 실패의 비용을 낮춰주는 것인데, 그것은 상급자만이 할 수 있는 일이다. 나는 여러분이 부하를 지도하면서 대담大膽하게 도전할 수 있게 도전정신을 일깨워주고 실패에 대해서는 그 의도가 좋았다면 너그럽게 이해해주면서 다음에 똑같은 실패를 반복하지 않도록 용기를 북돋아줄 수 있는 멘토들이 되었으면 좋겠다.

비록 실패하였지만 그것을 통해서 무언가를 배웠다면 우리는 그 실패를 창조적 실패Creative Failure라고 부른다. 여러분의 부하들은 자주 실패를 한다. 그들은 아직 인간적으로 성숙되지 않았을 뿐만 아니라 군인으로서도 미성숙한 상태에 있으니 실패를 하는 것은 어쩌면 당연한 것일 게다. 나도 수많은 실패를 하면서 이 자리에까지 왔다. 내가 실패를 했음에도 불구하고 '그 실패를 나의 윗사람이 어떤 마음으로 받아들여 줬는가?'하는 게 대장大將까지 될 수 있었던 요인 중의 하나일 것이다.

만약 여러분 부하의 사람 됨됨이가, 군인으로서 기본적인 자질이 잘못되어 그의 군복을 벗기는 것은 하시何時라도 가능하다. 오히려 칭찬받아야 할 일이라고 볼 수 있다. 그러나 아직 덜 성숙되어 조금 실수를 한 것을 참아주지 못하고 그를 키우지 못한다면 그것은 올바른 리더의 행동이 아니라고 생각한다. 실패를 통해 배울 수 있고 실패를 통해 더 단단해지고 어떻게 하면 이 실패를 다음에 반복하지 않을까 하고 본인 스스로 생각하게 만들어주는 것, 그게 대담하고 창의성 있는 군 간부를 만들어가는 길이라고 생각한다. 여담餘談으로 돼지에게는 실패가 곧 행운幸運이라는 말을 해주겠다. 여러분은 돼지는 신체 구조상 고개를 들어서 하늘을 볼 수 없다는 사실을 아는가? 그런 돼지가 하늘을 볼 수 있는 경우가 생기는데 바로 넘어져서 뒤로 드러누울 때라고 한다. 그러니 넘어진 실패가 하늘을 보는 행운을 가져온 것이다. 실패는 그런 행운을 불러오기도 한다는 점을 기억하기 바란다. 오해는 말자. 내가 여러분을 돼지로 보는 것은 절대 아니니…. 뭐 민중은 개, 돼지라고 말한 기본이 안 된 공직자도 있었으니 오해할 수도 있겠네!

오빌 라이트와 윌버 라이트 형제는 하늘을 나는 기계器械를 만들겠다는 아이디어를 처음으로 떠올린 사람도 아니고, 이를 처음으로 만들기 시작한 사람도 아니었지만, 처음으로 하늘을 난 사람이 되었다. 그들이 이룩한 비약飛躍은 사소한 단계의 실패를 되풀이하면서 끊임없이 시도함으로써 이룩한 비약이었다. 결국, 성공을 결정하는 것은 큰 보폭步幅이 아니라 쉬지 않고 걷는 발자국의 수數임을 우리는 기억해야 한다.

임무형 지휘가 우리 군이 공식적으로 채택하고 있는 지휘 기법指揮技法인 것은 맞지만 그것이 우리 군의 문화에 제대로 착근着根되어서 효과적으로 운용되고 있느냐는 별개의 문제이다. 나는 우리 군대에서 임무형 지휘가 빨리 실현될 수 있기를 진정으로 바란다. 내가 독일에서 공부하였기 때문에 그러는 게 아니라 그것만이 전장에서 승리를 담보擔保한다고 확신하기 때문이다. 임무형 지휘의 적용은 우리와 북한군 사이에서 비대칭적非對稱的 차이를 발생시킬 것이 분명하다. 북한군은 태생적으로 교리와 지시에 충실하여 교리에 정해진 것, 시키는 것만 열심히 하는 경향성傾向性에 빠지기 쉬우므로 우리가 그 약점을 찾아서 창의적으로 북한군에 대응한다면 전승은 우리의 것이라고 믿는다. 창의는 선택이 아닌 당위當爲의 문제이다.

승리를 만드는 길 창의

1974년 10월 6일에 발발勃發한 제4차 중동전쟁中東戰爭은 여러 가지 측면에서 이전까지의 전쟁과는 다른 양상樣相을 보였다. 그전까지는 주로 이스라엘이 기습적으로 공격하여 이집트를 당황하게 하였던 것에 비하여 4차 중동전쟁은 이집트의 기습공격으로 시작되었다. 이스라엘 쪽에서는 욤 키푸르전투*라고 하고 이집트 쪽에서는 라마단전투라고 부르는 이 전쟁에서 나타난 양쪽의 창의적인 전투방법戰鬪方法을 소개한다.

---

* 유대교의 가장 성스러운 날인 속죄일인 욤 키푸르 날에 발발하여 그렇게 불린다.

이집트는 세 차례에 걸친 패전敗戰의 이유를 냉철하게 분석하여 후진적인 군대 문화와 군제軍制를 개편하는 대대적인 군 개혁을 통해 새로운 군대로 거듭났다. 이집트의 입장에서 기습공격의 성공은 이스라엘이 수에즈운하運河를 따라 설치한 바레브*요새要塞를 어떻게 극복하느냐에 달려 있었다. 바레브요새는 무려 24킬로미터에 달하는 모래성벽으로, 높은 곳은 200미터에 이르는 곳도 있었으며 성벽城壁 위에서는 차량 통행도 가능한 도로를 만들었고 수에즈운하 상에는 기름 파이프를 설치하여 이집트군이 공격하면 수상에서 화공 작전火攻 作戰을 할 수 있을 정도로 구축된 난공불락難攻不落의 요새로 평가되었다. 이집트군에서조차 전쟁을 준비하면서 바레브라인을 돌파突破하는 데 약 3만 명의 손실이 생길 것으로 추산하였으니 방어하는 이스라엘 입장에서 어느 정도 자신감을 가졌는지는 쉽게 짐작해 볼 수 있다.

그러나 자연계처럼 전쟁에도 항상 천적天敵이 존재하는 법이니 이집트는 기상천외奇想天外하게도 모래 방벽의 천적인 물을 사용하는 창의적인 전법戰法을 개발하였다. 공병대대가 보유 중인 고압高壓의 소방 펌프를 동원해서 이스라엘이 최소 이틀은 버틸 것으로 예상한 바레브 라인을 불과 9시간 만에 돌파하는 역사적인 전과戰果를 거두었다. 이 작전 중에 이집트군의 전사자는 겨우 208명이었다니 창의적인 전투력 운용이 보여준 빛나는 사례라고 할 수 있다.

반면, 이스라엘은 자신들이 예상했던 시간보다 빠르게 이집트군

---

* 이스라엘 참모총장이던 바레브Bar-Lev의 지시로 건설되어 그렇게 불린다.

물대포를 이용하여 바레브선을 돌파하는 이집트군

이 시나이반도로 물밀듯 밀려들어 오자 이를 저지하기 위하여 이스라엘군의 자랑인 전차부대를 투입하여 반격反擊을 시도하였다. 그러나 전체 전차 전력의 60%에 달하는 150여 대가 순식간에 파괴되면서 1차 방어선防禦線이 무너지는 사태가 발생하였다. 이스라엘군은 모르고 있었지만 이집트가 소련으로부터 최신예 AT-3 대전차 미사일을 지원받아 보유保有하고 있었던 것이다. 지금까지 이집트의 RPG-7에 대해서만 대비하던 이스라엘 전차는 속수무책束手無策으로 당할 수밖에 없는 상황이 전개된 것이었다. 남은 것은 암논 레세프가 이끄는 3개 기갑여단이었는데 그도 아군의 전차가 어떻게 파괴되는 것인지 알 수가 없었다. 처음에는 RPG-7에 당한 줄 알고 RPG-7의 사거리射距離 밖으로 벗어나 보았지만 소용이 없었다. 그 순간 병사들로부터 보고가 들어 왔다. 전차가 파괴되기 전에 빨간 불빛을 보았다는 것이다. 병사들 보고 덕택에 레세프는 적의 무기를 추측할 수 있었다. 빨간 불빛은 소련제 AT-3에서 조준하기 위해 쏘는 레이저였다. AT-3는 RPG-7보다 10배나 긴 사거리를 갖는다. 레이저로 목표를 조준한 상태에서 발사된 미사일을 사수射手가 조종기로 조종할 수 있으므로 명중률이 매우 높은 최신예最新銳 대전차 미사일이다. 그러나 사수가 육안으로 목표를 확인해야 발사와 조종이 가능했고, 미사일의 속도가 느리다는 단점도 동시에 가지고 있는 무기 체계였다. 전장 상황을 다시 판단한 레세프는 여단에 다음과 같이 명령하였다 "빨간 불빛을 발견하면 주변의 모든 전차가 움직여서 흙먼지를 일으켜라. 동시에 적이 있다고 예상되는 지점에 화력을 집중하라."

빨간 불빛이 자기를 향하여 비추는 것을 발견하고 흙먼지를 일으키면 적의 사수가 레이저를 정확하게 조사照射할 수가 없으며, 미사일보다 3배 이상의 빠른 속도로 날아가는 전차탄戰車彈으로 적을 사격하면 시간 면에서 자신들이 훨씬 유리하다는 점에 착안한 간단하면서도 창의적인 대응對應이었다. 작전은 대성공을 거두었다. 후에 레세프의 이 전술은 나토군의 정식 전술로 채택되었다.

창의는 질문을
던지는 능력에서 나온다

군 생활을 하면서 내가 들은 칭찬 중에는 "창의적이다, 아이디어가 풍부豊富하다"는 얘기가 많이 포함된다. 부끄럽지만 내가 남들과 다르게 실천한 예例가 있어서 소개한다.

육군에는 대위 장교 중에서 우수한 인원을 선발하여 선진국 고등군사반高等軍事班에 유학을 보내는 제도가 있다. 사관학교에서 독일어를 전공한 나는 자연스럽게 독일군의 고등군사반에 관심이 있었고 다행히 선발되어 1년 반을 독일에서 공부하는 행운을 누렸다. 젊은 나이에 발전된 나라의 새로운 문물을 보고 접하는 것은 이루 말로 표현할 수 없는 큰 영향을 준다. 독일 유학을 통하여 독일 장교들이 자신의 의견을 거침없이 얘기하는 문화와 자기와 다른 의견을 존중하던 모습에서 실로 많은 것을 느꼈다. '남과 다르게 생각해도 된다. 아니 오히려 남과 다르게 생각하는 것이 존중尊重받는 길이다' 라는 것을 몸으로 배우면서 나도 자연스럽게 나의 생각을 키워갔던 것이 독일 유학이 나에게 준 가장 중요한 필생畢生의 선물이라고 지금도 믿는다.

외국 군에서 고군반高軍班을 수료한 장교들은 중대장과 같은 필수 보직必須補職을 마치면 자기가 배운 선진 군사 전술을 후배들에게 전수傳授하기 위하여 각 병과학교에서 교관으로 근무해야 된다. 나도 전라도 광주에 있는 보병학교步兵學校로 전속되어 보병 대위들에게 전술학戰術學을 가르치는 전술학 교관을 하게 되었다. 교관 임무를 수행하다 보면 정규 평가正規評價에 출제자로 들어가는 경우가 생기는데, 어느 고군반 정규 평가 시에 나는 지금까지 누구도 시도하지 않았던 유형類型의 문제를 내보았다. 왜냐하면 보통의 시험 문제들은 수업시간에 교관이 강조하던 바를 거의 그대로 옮겨 적어도 크게 틀리지 않는 정형성定型性이 너무 높아서 학생 장교들의 창의적 생각을 저해沮害하고 있다는 것이 당시 내가 진단한 문제였었고 어떻게 하면 그런 틀을 깰 것인가가 나의 고민이었기 때문이다.

여러분이 학생 장교라고 상상하며 1989년에 내가 출제하였던 고군반 전술학 정규 평가 문제를 한번 풀어보기 바란다.

1. 일반 상황

귀관은 1중대장이다. 1중대는 A, B소대를 전방에 배치
하고 C소대를 예비로 하는 지역 방어를 실시하고 있다.

2. 특별 상황

① 전방에 배치된 A소대장이 다급한 목소리로 상황을
   보고한다.

② 중대장님! A소대장입니다.

   지금 저희 소대 전방으로…. 뚜뚜뚜(전화 단절음)

3. 요구 사항

귀관은 1중대장으로서 현 상황을 어떻게 조치할 것인지
를 그 이유와 함께 기술하시오.

평소에 학생 장교들이 전장 상황戰場 狀況을 머리로 그릴 수 있도
록 일반 및 특별 상황을 자세하게 써주는 방법으로 교육을 받았고,
평가도 교재敎材와 유사하게 일반 및 특별 상황을 부여해오던 것이
관례이다 보니 시험 문제를 받아본 학생 장교들에게서 공황恐慌이
발생하였다. 공부 잘하던 어느 장교는 감독관에게 시험 문제가 다
인쇄印刷되지 않았다고 항의하는 일까지 생겼다. 생각보다 지문이
너무 짧아서 상황을 이해할 수 없었던 것이다. 많은 수의 장교들이

문제를 풀지 못하고 백지로 제출함으로써 나는 학교 본부로부터 엄중하게 경고警告를 받아 다시는 이런 이상한(?) 문제를 출제하지 않겠다는 서약을 해야 했다.

나는 지금도 전장에서 내가 출제한 것과 유사한 상황이 더 자주 발생할 것이라고 확신한다. 예하부대隸下部隊의 모든 상황을 상급 지휘관이 다 알고 있다고 생각하는 것 자체가 환상幻想이다.

정보의 제한으로 예하 부대의 상황을 정확히 모르는 가운데 자기의 상황 판단을 통해서 건전한 결심에 도달하는 능력을 키우는 것이 창의적인 군인을 만드는 길이라고 믿는다. 그런데 모든 상황을 명확하게 다 주면 상황 판단이고 자시고 할 필요가 없지 않은가? 요즘 유행하는 젊은이들의 말처럼 '답정너'*와 무엇이 다른가? 나는 그 문제를 통해서 정형화定型化된 답을 얻으려 한 것이 아니다. 각자가 중대장으로서 평소에 부대를 훈련 및 지휘해온 사실에 입각立脚하여 '내가 아는 사실과 내가 모르는 사실, 그 속에서 추론推論해 볼 수 있는 것은 무엇인지'를 자신에게 묻고 거기에 따른 자기만의 판단과 생각을 적어내길 바랐을 뿐이다. 남들의 생각이나 더더욱 교관의 생각을 적어내지 말고….

오늘날 '이와 비슷한 문제를 정규 평가에 다시 출제하면 어떤 일이 벌어질까?'라는 생각을 혼자 해본다.

---

* 나이 많은 사람들을 위하여 사족을 붙인다면 이 말은 '답은 정해져 있으니 너는 대답만 하라'는 뜻이다.

여러분은 어떻게 풀었나요?

Creativity is just connecting things.

— Steve Jobs

명예 名譽

세상에서 훌륭하다고 일컬어지는 이름이나 자랑

소금이 짠맛을 잃으면 안 되듯이 군인이 명예를 잃으면 영원히 죽는 것이다.

아리스토텔레스는 명예를 정치적 생활政治的 生活의 목적으로 삼았다. 그리고 스토아학파에서는 명예를 건강과 부와 더불어 지고선至高善으로 향하기 위한 수단으로 보았다. 우리 조선 시대 선비들이 공부하는 목적은 입신양명立身揚名을 위한 것이라 하였던 것에서 보듯이 명예를 선비의 중요한 도덕적 덕목으로 여겼다. 명예는 '세상에 널리 인정받아 얻은 좋은 평판이나 이름'을 의미하며, 공적功績에 대한 존경의 뜻을 나타낸다. 다시 말해 명예는 외형적으로는 자신의 지위나 하는 일의 업적에 대해 사회로부터 받는 좋은 평판評判과 존경이며, 내면적으로는 자신이 수행한 일의 성과에 대해 스스로 만족하고 그 자체에서 보람을 느끼는 심리적인 태도라고 할 수 있다.

아리스토텔레스는 명예를 "덕德, virtue에 대한 보상報償으로서 외적으로 주어지는 가치 가운데 최고의 것"이라고 하였다. 그리고 명예와 관련된 덕 가운데 최고의 덕을 긍지矜持, pride라고 하였다. 긍지란 직무에 대한 사명감과 만족감에서 스스로 떳떳함을 확신하는 마음이다. 자기가 하는 일이 국가와 민족을 위해 보람된 것이라고 믿을 때 긍지를 가질 수 있다.

명예는 높은 지위에 있다고 해서, 혹은 시간이 흘러간다고 해서 그냥 얻어지는 것이 아니다. 참된 명예는 삶을 살아가는 동안 많은 어려움 속에서도 자신을 희생하면서까지 고귀한 가치—예를 들어 공공의 선, 정의의 실현, 복지 증진 등—를 이뤄냄으로써 스스로 자부심과 긍지를 가질 때 비로소 얻어지는 것이다. 명예를 얻기가 어려운 이유는 그것이 1회의 단발적인 행동에 의해서 얻어지는 것이 아니라 지속성에 달려 있기 때문일 것이다. "명예와 거울은 입김만으로도 흐려진다"는 스페인 속담은 명예로운 삶이 얼마나 어려운 것인지를 잘 보여준다.

심리학자 매슬로우A. Maslow는 인간의 욕구慾求는 생리적 욕구, 안전 욕구, 사회적 욕구, 존경의 욕구, 자기실현의 욕구로 발전한다는 욕구 5단계설을 제시한 바 있다. 그에 따르면 생리적 욕구로부터 존경의 욕구까지는 반드시 단계별段階別로 발전해 나가지만, 마지막 단계인 자기실현의 욕구만큼은 전前 단계의 욕구가 성취되지 않아도 달성 가능하다고 하였다. 자기실현自己實現의 욕구는 인간이 추구하는 최고의 단계인데 명예와 동일한 의미로 볼 수 있다.

따라서 군인은 생리적 욕구, 안전 욕구, 사회적 욕구, 존경의 욕구가 충족充足되지 않는 상태일지라도 오직 국가와 국민을 위한다는 자긍심으로 무장되어 있어야 한다. 그리고 승리를 위해 전장에서 전우와 함께 싸우다 죽는 것이 군인으로서 최고의 명예라는 생각을 견지해야 한다. 어찌 보면 군인은 어떻게 사느냐보다 어떻게 명예롭게 죽느냐가 더 중요한 존재이다.

> 죽음은 아무것도 아니다.
> 그러나 패배하고 불명예스럽게 사는 것이야말로 매일 죽는 것이다.
> ― 보나파르트 나폴레옹

이러한 명예심은 전투에서 반드시 승리하겠다는 강한 의지意志를 갖게 해주고, 패배하여 비굴卑屈하게 살아남기보다는 차라리 용감하게 싸우다 죽겠다는 각오를 다지게 해준다. 그리하여 불리한 상황하에서도 적극적으로 전투에 임할 수 있는 힘을 부여한다. 나폴레옹이 이야기한 위의 말처럼 군인에게 있어 죽음보다 더 무서운 것은 불명예스럽게 사는 것이라 하겠다. 명예의 핵심은 이름을 더럽히지 않는 것이다. 부모님으로부터 물려받은 자신의 이름, 대한민국을 지키는 국군이라는 이름을 항상 생각하면서 임무수행에 전념專念하여 명예를 스스로 지킬 수 있도록 노력해야 한다.

영국과 프랑스 간의 백년전쟁百年戰爭 중반에 일어난 대규모 전투로 '아쟁쿠르전투'가 있다. 영국 왕 헨리 5세기 프랑스로 친정親征하여 몇 배에 달하는 프랑스군을 무찌르고 대승한 전투인데, 많은 부분에서 이순신의 명량해전과 비슷하다. 아쟁쿠르전투가 유명한 이유는 이 전투를 통해서 영국에게 유리한 조약條約이 체결된 점과 백년전쟁이 종국終局에는 프랑스의 승리로 끝나게 되는 역사적인 원인遠因을 제공한 면도 있지만, 셰익스피어가 쓴 희곡戱曲인《헨리 5세》에서 영국의 왕이 압도적인 전력의 프랑스군과 사생결단死生決斷의 전투를 해야 하는 부하들의 사기를 높이기 위해 읊은 대사臺詞가 너무 유명하기 때문이다. 그러다 보니 헨리 5세의 대사를 사실로 아는 사람이 많지만, 그것은 엄연한 셰익스피어의 창작물創作物이다. '성 크리스핀의 날* 스피치'로 명명된 이 명연설名演說 중에서 아래의 구절이 특히 마음에 남는다.

우리가 죽어야 한다면 국가의 손실로는
우리면 족하다. 그리고 우리가 산다면
적은 숫자일수록 각자 나눌 명예의 몫도 커질지니.
신이여, 한 명의 장병도 더 보태지 마소서!

---

* 아쟁쿠르전투를 한 날이 종교적으로 성 크린스핀의 날이며, 연설 중에 그런 구절이 나온다.

294

신께 맹세코 나는 황금에 눈멀지 않았으며,

나의 비용으로 누가 믿든 상관하지 않는다.

누가 내 옷을 입는다고 해도 언짢아할 바가 아니다.

나는 이런 눈에 보이는 것들에 대한 욕심이 없노라.

그러나 명예를 탐하는 죄라면,

나야말로 살아 있는 자 중 가장 죄가 많은 영혼일지니.

이 연설에서 내가 가장 좋아하는 부분은 가장 마지막이다. 헨리 5세가 "다른 모든 것은 다 너희들에게 양보할 수 있지만 명예名譽만큼은 내가 가장 많이 욕심을 낼 것이며 그 일로 죄를 받는다 해도 좋다"라고 한 구절에서 목숨을 건 전투를 앞둔 자의 진심이 느껴지기 때문이다. 참고로 우리가 영화 제목을 통해서 잘 알고 있는 〈밴드 오브 브라더스〉(We Band of Brothers, 우리는 한 형제라는 구절에서 'We'를 생략함)라는 말도 이 연설에서 등장한 대사에서 가져왔다.

노블레스 오블리주를 낳은 칼레의 명예

    명예를 지키려는 사람들은 자기에게 부과되는 책임을 회피하지 않는다. 우리가 흔히 사용使用하는 '노블레스 오블리주Noblesse Oblige'는 '귀족에게는 의무가 있다'는 의미로 이해되는 말인데, 여기에 명예를 지키려는 자들의 깊은 역사적 배경이 있어 소개한다.

    이 사건도 앞의 아쟁쿠르전투처럼 백년전쟁과 관련이 있다. 전쟁 당시 프랑스의 도시 '칼레'는 영국과 가장 가까운 곳에 있어서 영국군의 거센 공격을 받아 포위당하였지만, 칼레의 시민들은 일치단결하여 1년여를 거세게 저항하였다. 하지만 식량이 떨어지고 더 이상의 원병援兵을 기대할 수 없게 되자 결국 항복을 하기 위해 영국의 왕 에드워드 3세에게 자비를 구하는 항복 사절단을 보냈다. 칼레 시

오귀스트 로댕, 〈칼레의 시민〉 1884~1895, 미국 캘리포니아주 스탠퍼드대학교

민들의 거친 저항으로 전쟁이 생각보다 장기긴으로 진행된 것에 기분이 나빴던 영국 왕은 "모든 시민의 생명을 보장하는 조건으로 누군가가 그동안의 반항에 책임을 져야 한다. 이 도시의 대표 6명이 교수형絞首刑을 받으라"고 요구하였다. 칼레 시민들은 모여서 누가 처형을 당해야 하는지를 논의하였는데, 모두가 머뭇거리는 상황에서 칼레에서 가장 부자富者인 피에르가 제일 먼저 처형을 자청하였고 이어서 시장, 법률가 등 귀족이 처형에 동참하게 되었다. 그러나 임신姙娠 중이던 왕비의 간청으로 에드워드는 죽음을 자청自請하였던 시민 여섯 명의 희생정신에 감복하여 살려주게 되는데 이 이야기가 후에 프랑스의 역사학자 프르사와르에 의해 알려지면서 '노블레스 오블리주'의 상징이 된 것이다.

사진은 근대 조각의 시조始祖라고 칭해지는 로댕의 작품인 〈칼레의 시민〉 동상銅像이다. 에드워드 3세의 요구대로 목에 밧줄을 걸고 성문 열쇠를 손에 든 채 처형장으로 향하는 칼레의 시민 6명의 고뇌에 찬 모습을 형상화한 것으로 유명하다. 11년이라는 작업 기간作業期間에도 불구하고 6명의 헌신과 용기가 영웅적으로 묘사描寫되지 않았다 하여 많은 논란을 불러온 작품이지만, 나는 오히려 로댕이 그들의 인간적인 모습을 사실적으로 나타냄으로써 인간이 가진 본심本心을 잘 표현하였다고 생각한다. 명예는 두려움 속에도 자기의 신념을 꺾지 않는 것이다. 이들은 죽음이라는 가장 큰 두려움 속에서도 자신의 신념을 지켰다. 그 과정에서 어찌 인간적인 고뇌가 없었을까. 군인의 명예도 그러한 고통과 번민煩悶 속에서 지켜지는 것이란 생각이 드는 것은 나만의 착각일까?

명예를 지키는 데에는
자기희생이 필수이다

　　명예는 공짜로 얻어지는 것이 아니라 남들의 존경과 흠모欽慕를 받을 만한 수준의 행동을 보여야만 겨우 인정받을 수 있는 어려운 가치이다. 유럽의 귀족 자제들은 가문의 명예를 지키기 위해 국가를 위한 전쟁에 참여하는 것을 전통으로 여겨왔다. 6·25전쟁에는 아이젠하워 대통령의 아들뿐 아니라 미군 최고위 장군인 클라크 유엔 사령관, 밴 플리트와 워커 사령관의 아들들을 포함하여 미군 장군의 아들 142명이 참전參戰한 것으로 알려져 있으며 이 중에서 35명이 전사戰死하였다. 밴 플리트의 아들은 작전 중에 실종되었으며 보병 중대장이었던 클라크 사령관의 아들은 총상을 입었다.

　　이 중에서 워커 장군의 일화는 우리에게 시사示唆하는 바가 매우 크다. 북한의 파죽지세적破竹之勢的인 공세로 인해시 낙동강 이남을 제외한 한반도 전체가 북한군에 의해 점령占領되었을 때 일본의 사령부에서 전쟁을 지휘하던 맥아더조차 이제 한국을 포기해야 하는 것이 아닌가 하는 고민을 하였다. 이렇게 우리 대한민국이 존망存亡의 기로에 서 있는 상황에서 오직 혼자서 한국 절대 사수絶代 死守를 외친 사람이 바로 워커 중장이었다. 워커 장군은 '우리는 더 이상 물러설 수 없고, 물러설 곳도 없다. 무슨 일이 있더라도 결코 후퇴란 있을 수 없다'는 생각으로 "Stand or Die"를 외치면서 사령관이라는 자신의 직분에 어울리지 않게 최전선最前線을 뛰어다니며, 여기에 있는 병력을 저쪽으로 틀어막으면서 낙동강 방어선洛東江 防禦線을 지켜내었다. 워커 장군의 별명이 왜 '불독'인지를 잘 보여주는 그다운 행동이었다. 인천상륙작전仁川上陸作戰이 가능하였던 배경에는 워커 장군이 낙동강 방어선을 지켜냄으로써 적들이 공세종말점攻勢終末點에 도달하는 상태를 조기에 이끌어내었음에 크게 기인한다.

인천상륙작전이 성공하고 한국이 북진北進할 무렵인 1950년 12월 23일, 워커 장군은 이승만 대통령이 수여한 한국 정부의 부대표창을 미군 24사단과 영국군 27연대에 전수하고, 아울러 한국전쟁에 참여한 자기 아들에게 미국 정부가 준 은성무공훈장을 수여授與하려 서울의 사령부에서 1군단 사령부가 있던 의정부로 가던 중이었는데, 경기도 양주 축석령 근처에서 한국군 병사의 실수로 일어난 교통사고로 자신의 운전병과 함께 사망하는 비운을 당하였다. 전쟁을 지휘하던 사령관으로서는 참으로 안타까운 죽음이었다. 그의 죽음만을 따로 떼어서 보면 군인답게, 명예스럽게 죽은 것은 결코 아니었다. 그런데 워커 장군의 죽음을 명예스럽게 만든 것은 사고 후에 보인 유족遺族들의 행동이었다. 사고 보고를 받은 이승만 대통령은 내노하여 사고를 일으킨 병사를 총살하라고 지시하였지만, 유족의 탄원과 미군 측의 항의로 3년 징역형에 처하는 것으로 바뀌었다.

또한, 장군의 아들인 샘 워커 대위는 사고 후에 도쿄에 있는 맥아더에게 불려가 선친을 미 알링턴 국립묘지에 안장安葬하라는 임무를 부여받았으나* 자신은 보병중대장이고 지금의 전황戰況에서 자리를 비우면 부하들의 생명을 보장할 수 없다는 이유를 들어 전선戰線으로 돌아가게 해줄 것을 요청하고 사령관실을 나오려 하였다. 그러자 맥아더가 샘 워커 대위의 등에 대고 나지막한 목소리로 "이건 명령이다"라고 말하였으며, 그 말을 들은 샘이 부친의 유해遺骸를 안고 미국으로 복귀하였다고 전해진다. 가족들의 의연한 행동이 워커 장군의 죽음을 명예롭게 만들었고, 지금도 미군이 가장 존경하는 장군 중의 한 명으로 기억하게 만드는 역할을 한 것이다.

한국에 주둔하는 미군 장병들에게 편의를 제공해주면서 경제적인 이득을 얻기 위해서 박정희 대통령의 지시로 미 8군사령부 근처 한강을 바라보는 언덕 위에 서구식 호텔이 1963년에 개장하였는데 그 호텔의 이름을 워커 장군을 기리기 위해 '워커힐호텔'로 정했다.

워커가 사령관을 역임한 용산의 미 8군사령부 영내에는 워커 장군의 동상이 있었다. 그러나 한·미 간에 합의된 용산 기지 이전 사

---

* 워커 장군의 안장식을 위해서가 아니라 그의 자식까지 전사하는 상황을 방지하기 위한 맥아더의 결정이었다.

미 8군사령부 영내에 있는 워커 장군 동상과 워커힐호텔

업龍山 基地 移轉 事業이 성공적으로 추진되어 새로운 기지가 완공됨에 따라 미 8군 사령부가 평택으로 옮겨가게 되었다. 2017년 5월에 사령부 이전을 위한 첫 행사를 열었는데 바로 워커 장군의 동상을 옮기는 이전 기념식移轉 記念式이었다. 미 8군 사령부가 옮겨간다는 것을 대내외에 알리는 첫 행사가 워커 장군 동상의 이전 기념식이라니 그것만 보더라도 미군 장병들이 얼마나 그를 존경하고 있는지를 잘 알 수 있다. 명예로운 장군은 사후死後에도 자기의 이름을 지킨다는 것을 다시 느끼게 한 행사였다.

워커 중장이 순직 후에 대장으로 추서되었고 그의 아들인 샘 워커는 미군 역사상 가장 어린 나이에 대장으로 진급하였기 때문에 부자가 대장인 유일한 명예로운 가문이 바로 워커 장군의 가계이다.

한편, 우리의 적으로 전쟁에 참여한 중공군도 이러한 면에서는 크게 다르지 않았는데, 마오쩌둥의 큰아들도 전쟁에 참여하여 사령관인 펑더화이彭德懷의 부관으로 근무하던 중에 미군의 폭격으로 전사하였다. 며느리가 시체라도 가져오자고 요구하였지만 마오 주석은 공평성을 이유로 이를 거절하였으며 그의 무덤이 아직도 북한에 있다고 한다. 고금과 동서東西를 막론하고 명예는 희생을 통하여 얻어진다는 점을 깊이 인식할 필요가 있다.

―――

악마와 싸울 때에는 악마를 닮지 않도록 조심하라.

― 니체

제4부

불의 지휘

배려 配慮

도와주거나 보살펴주려고 마음을 씀

자기와 상대방을 행복하게 만들어주는 태도

우리는 어떤 사람이 자기 옆에 있기를 좋아할까? 자기의 자유가 소중하듯이 남의 자유도 나의 자유와 똑같이 존중해주는 사람, 남이 실수를 저질렀을 때 자기가 실수를 저질렀을 때의 기억을 떠올리며 그 실수를 감싸안는 사람. 누구나 그런 사람이 자기 옆에 있으면 좋겠다고 할 것이다. 이러한 성격을 가진 사람을 배려심配慮心이 많은 사람이라고 부른다. 아름다운 꽃이 피어 있거나 맛있는 과일이 열려 있는 곳에는 자연스럽게 길이 생기는 법이다. 배려심 많은 사람에게는 가만히 있어도 사람들이 모여든다.

결혼한 사람들에게 상대를 배우자로 택하게 된 동기를 물어보면, 많은 사람이 배우자의 자상仔詳한 배려 때문이라고 한다. 설령 자신의 배우자를 찾는 것이 아니더라도, 많은 사람이 자기를 배려하는 사람과 함께하고 싶어 한다. 그들과 함께 있으면 믿음직스럽고 편안할 뿐만 아니라, 용기와 격려도 얻을 수 있기 때문이다. 다행스럽게도 배려는 거창巨創하거나 특별한 것이 아니다. 조금 더 관심을 가져주고, 조금만 더 신경을 써주고 염려해주는 것이기에 누구나 삶 속에서 조금만 노력한다면 배려로 인해 늘 함께하고 싶고 깊은 신뢰를 줄 수 있는 사람, 늘 선택받는 사람이 될 수 있다.

배려가 성공한 사람들의 공통적 습관 중 하나라는 점이 설득력을 얻고 있다. 배려가 사람의 마음을 움직이고 세상을 바꾸는 원동력이라는 것을 증명하고 있는 것이다. 사실 배려는 겉으로 보기에 손해보는 장사인 것처럼 보일 때가 많다. 하지만 현실 속에서는 양보讓步나 자발적 희생, 배려와 같은 이타적 행동이 우리가 상상하는 것 이상의 긍정적인 결과를 가져오곤 한다.

카네기와 같은 대부호들도 거대한 부를 쌓았을 때보다는 그 부를 좋은 일을 위해 베푸는 과정에서 행복을 느끼기 시작했다고 하는데, 그런 점에서 배려는 진정한 행복을 꿈꾸는 사람들에게 꼭 필요한 마음가짐임이 분명하다. 하지만 배려가 진정성을 잃고 가식적假飾的이거나 이해관계를 실현하는 수단으로 전락轉落해버린다면, 그 순간부터 자기소멸自己消滅을 불러온다. 배려는 스스로 우러나올 때 빛을 발하기 때문이다.

배려의 기술

배려에도 기술이 필요하다. 왜냐하면 배려를 요구하는 상황이나 받아들이는 사람들의 태도態度가 모두 다르기 때문이다. 어제 통했던 방법이 오늘도 통한다고 생각하고 행동했다가 오히려 역효과逆效果가 발생할 수도 있음에 유의해야 한다. 배려는 경우에 따라 단지 몇 분 정도만의 주의注意를 필요로 하거나 반대로 아주 장기간에 걸친 노력이 요구되기도 한다. 진심에서 우러나오는 배려하는 기술은 자신의 마음을 더욱 세련되고 고상하게 다듬어준다. 따라서 배려의 기술을 이해하는 것 자체가 이미 또 다른 배려의 실천이다. 배려는 마치 신앙심을 쌓아가는 것과 같아서 한순간에 만들어지는 것이 아니라 작고 사소한 것에 대한 세심한 배려를 습관화하고, 이를 차곡차곡 마음의 창고에 쌓아둘 때 완숙完熟해진다.

문제는 배려에 대한 정의를 모두 임의任意로 생각한다는 것이다. 자기가 가장 좋아하는 것을 남에게 해주는 것을 배려라 여기며 그것에 대해 상대가 갖는 의사意思는 별로 고민하지 않는다. 타인에게 무언가를 해주고 자기 스스로 만족하니까 당연히 상대도 만족했을 거라고 여기는 경향이 강한데, 우리가 잘 알고 있는 〈호랑이와 소 부부의 이야기〉가 대표적이다.

육식동물肉食動物인 호랑이와 초식동물草食動物인 소가 우연히 눈이 맞아 함께 살게 되었다. 호랑이는 사랑하는 소를 위해 열심히 사냥해서 잡은 사슴의 가장 맛있는 부분을 자기가 먹지 않고 소를 위해 집으로 가지고 와서 먹으라고 내놓았는데 소가 먹지 않자 마음이 상하여 돌아앉았다. 그러자 소가 호랑이의 마음을 풀어주기 위해서 밖으로 나가 가장 맛있게 보이는 풀을 한 광주리 가득 담아 들어와서는 호랑이에게 먹으라고 하였다는 우화寓話다. 둘은 자기가 먹고 싶은 것도 참으며 나름 최상最上의 메뉴로 상대방을 배려하였지만 배고픈 호랑이에게 주는 풀은 배려가 아니며 반대로 소에게 주는 맛있는 고기는 그림 속의 떡일 뿐이다.

배려는 약자에 대한 마음 씀씀이

군에서의 배려는 주로 약자弱者에 대한 마음 씀씀이로 나타난다. 군이라는 사회가 워낙 계급에 의한 위계가 강하기 때문에 신분과 서열序列이 분명히 구분되다 보니 자연적으로 여타의 조직보다도 약자에 대한 배려를 필요로 한다. 군에서 특히 관심을 가져야 할 대상들은 군 생활을 이제 막 시작하는 사람들인데, 이들은 장교건 부사관이건 병이건 그들의 신분身分에 관계없이 약자로 생각하여 특별한 배려를 해야 한다. 비록 양성평등兩性平等이 강조되고는 있지만, 여성도 남성에 비하여 상대적으로 약한 존재이므로 그들에 대한 배려도 필요하다.

내가 초급장교 시절에는 차車를 얻어 타는 것이 하늘의 별 따기만큼이나 어려운 일이었다. 특히 나의 경우에는 3보 이상은 구보라는 금언金言이 따라다니는 보병 병과의 초급장교였으니 어쩌다가 운이 좋아 차를 얻어 타게 되면 횡재橫財한 날이었다. 물론 부대 훈련 중에는 당연히 행군行軍을 하는 것이니까, 내가 말하는 것은 행정적인 일로 부대 밖을 나갈 때를 의미한다. 그때의 나를 군기軍紀 빠진 초급장교로 오해하지 않기를 바란다. 그러한 경험을 하면서 어린 마음에 '저 차軍는 국민의 세금으로 산 것이고, 개인에게 준 게 아니라 업무상 필요에 의해서 쓰라고 준 것인데 왜 자기만의 자가용自家用처럼 사용하지? 지나가는 군인 좀 태워주면 안 되나?'라는 생각을 하였다. 그러면서 내가 지프차를 타게 되면 같은 방향으로 가는 사람을 꼭 태워주리라고 나 자신과 약속하였다.

시간이 흘러 처음으로 나에게 전용專用 지프차가 배당된 것은 대대장을 나가서였다. 지금은 화상 회의畫像 會議가 일반화되어서 대대장을 소집하는 회의가 많이 줄었지만, 그 당시에는 회의를 위해 연대본부聯隊本部로 자주 갔었다. 회의차 오가는 길에 혼자 또는 두어 명씩 함께 걸어가는 군인들의 모습을 보면 우리 대대 병사가 아니더라도 소속所屬을 불문하고 내 지프차에 태워서 같이 갔다.

옛날 지프차의 구조는 문이 앞쪽에 하나밖에 없었기 때문에 누군가를 차에 태우려면 앞에 타고 있던 사람이 반드시 내려야 했다. 그런 번거로움이 싫어서 몇 시간씩 걸어가는 병사들을 못 본 체하고 그냥 지나치는 것—그것도 비포장도로非鋪裝道路에서 흙먼지 잔뜩 휘날리며 가는 모습—은 약자에 대한 배려가 전혀 없는, 사람이 사는 맛이라고는 하나도 없는 '무미無味한 사회'라고 생각한다. 차를 세우고 내리면서 차에 타라고 할 때마다 좋으면서도 당황스러워하던 그 병사들의 모습이 지금도 기억난다.

차車와 관련된 이야기가 나온 김에 하나 더 해야겠다. 내가 지휘관 생활을 하면서 빼지 않고 하였던 행동 중 하나는 차를 타고 가다가 장병들을 만나면 무조건 차의 창문窓門을 내리고 수고한다고 말하며 손을 흔드는 손 인사를 하는 것이었다. 이것은 주로 부대의 위병소衛兵所나 초소 등을 지날 때 하였는데, 내가 독창적으로 만든 게 아니라 수방사守防師에서 교훈참모를 하던 시절의 사령관께서 그렇게 하시던 모습이 보기 좋아서 연대장 나가면서부터 따라 한 행동이다. 연대장 때에는 전용차專用車가 지프차이다 보니 비 오는 날이나 겨울에는 창문을 내리고 인사하는 것이 매우 불편하였지만, 연대장의 인사를 받고 처음에는 어쩔 줄 몰라 당황스러워하다가 차츰 밝은 얼굴로 변화하는 부하들의 모습을 보면서 창문 내리는 귀찮음을 잊었던 기억이 지금도 생생하다. 계급이 대장으로 높아져서도 똑같은 행동을 하였으니 예하 부대에 차를 타고 갈 때면 위병소 근무자가 사령관의 손 인사에 뭐라고 응대應待해야 할지 몰라 허둥대곤 하였다.

나는 이러한 작은 마음 씀씀이가 높은 사람이 약자에게 베풀어 줄 수 있는 배려라고 생각한다. 법과 규정에 의해서 그들을 보호하는 것은 당연한 일이고, 마음에서 우러나오는 작은 사랑의 표시標示가 쌓이면 우리 군의 배려 문화도 제자리를 잡을 것이라고 믿는다. 야전군사령관으로 있으면서 사령부 정문을 지나면서 창문을 열어 손을 흔들며 부하에게 다정하게 인사하던 나를 본 어떤 민간인이 참으로 마음이 따뜻한 군인을 봤다고 칭찬하는 일도 있었다. 여러분도 내일부터 한 번 따라 해보기를 바란다. 나도 따라 한 것인데, 하고 나니까 오히려 내가 더 행복하였다.

좋은 것은 모방模倣해도 좋은 것이다.

군 생활을 하면서 배려해야 할 목록에서 가장 윗선에 두어야 함에도 불구하고 항상 빠지는 대상이 자기의 가족이다. 배우자의 성공적인 군 생활을 위하여 거의 일방적인 희생과 헌신을 하는 군인 가족들을 위한 배려가 정말로 필요한데, 여기에는 각자가 자기의 입장에서 가족에게 하는 배려는 말할 것도 없고, 부대 차원에서 다시 말해서 상급자의 관심 어린 배려가 절대적絶對的으로 요구된다. 나의 군 생활을 돌아보아도 분명히 나는 낙제점落第點의 남편이고 아빠였으며, 특히나 못난 아들이었다고 생각한다.

처음으로 고백하는 것이지만, 군 생활 전체를 통틀어서 내가 가장 후회하는 일은 어머님의 명예로운 은퇴식隱退式에 참석하지 못한 것이다. 많은 사람이 나의 밝은 성격을 보며 매우 유복한 가정에서 부족함이 없이 잘 자랐을 것으로 지레짐작하곤 하였으나, 나는 아버지의 얼굴을 기억하지 못한 채 자랐다.

5남매의 막내로 내가 태어난 지 8개월 만에 선친先親께서 사고로 돌아가신 이후 30대 초반의 어머니는 세상의 모진 풍파를 견디며 청상靑孀으로 5남매를 키우셨다. 담배 팔이, 양말 팔이 등 길거리 노점상을 하시면서 자식들을 키우시다가 다행히 천주교의 도움으로 60년대 초에 막 개교開校하였던 서강대학교에 미화원美化員으로 취직하서 20년을 봉직奉職하시고 내가 초군반初軍班을 다니던 무렵에 명예롭게 은퇴하셨다. 위로는 홀로되신 시어머니를 모시고 5남매를 모두 대학까지 보내신 어머니의 눈물겨운 인생은 책 한 권으로도 부족할 테다. 어머니의 자랑스러운 서사敍事는 서울특별시장상을 포함하여 3번의 장한 어머니상을 받으셨다는 점으로 입증이 가능하리라 본다.

어머니께서 은퇴식을 하실 때, 나는 학생장교學生將校가 수업을 빠질 수 없다는 이유로 그 자리에 참석하지 못했다. 겉으로는 서운하다는 말씀을 한마디도 하시지 않으셨지만, 당신의 막내아들이 자랑스러운 육군 장교 정복에 빛나는 소위 계급장階級章을 달고 당신의 은퇴식에 오기를 속으로 바라셨을 어머니를 생각하면 지금도 마음이 먹먹하다. 당시에는 가족에 대한 배려 같은 말은 입에도 올리기 어려운 분위기였으니 이해가 가는 측면도 있었지만, 그 일은 나에게 상처와 함께 큰 교훈을 남겼다. 내가 계급이 높아지면서 부하들에게 가정사家庭事를 잘 챙기도록 배려해야겠다는 마음을 먹게 한 사건이었다.

나와 같이 근무한 사람들은 실제로 체험하였지만 나는 아이들 졸업이나 입학, 수능시험 등에 아빠(엄마)가 반드시 참석參席하도록 보장하였다. 맡은 직책이 작전참모든 작전처장이든 전혀 따지지 않았다. 어머니의 은퇴식 불참과 같은 나의 아픈 기억이 부하들에게까지 이어지는 것은 올바르지 못하다는 생각을 솔선하여 실천했다. 부하들에게 그런 배려를 하다 보면 언제나 덕을 보는 것은 오히려 나였다. 부하들이 진정으로 자기 지휘관을 사랑하게 되니 그가 하루 없어서 생긴 틈보다는 더 큰 이득이 돌아왔다.

내가 지휘관으로 취임할 때면 으레 누이들이 어머님의 영정을 들고 참석한다. 취임식장에서 또는 취임식장이 잘 보이는 곳에서—나보다 먼저 내 집무실에 자리 잡으시고—막내아들의 자랑스러운 모습을 보시라고.

배려는 누구에게나 하되, 제대로 해야 하는 것

요즘 병사들의 생활 여건生活 與件은 우리나라의 경제 규모와 걸맞게 크게 개선되었지만, 과거에는 병영 생활이 매우 열악劣惡하였다. 특히, 겨울에는 더운물을 얻어 쓰는 것도 만만치 않아서 찬물로 세면을 하다 보니 손이 트는 병사들이 부지기수不知其數였던 기억이 생생하다. 상황이 그러다 보니 이등병은 찬물로 세면洗面을 하는 것이 당연한 것으로 받아들여지던 시대의 일화를 하나 보자.

혹한酷寒의 추위가 몰아치던 전방의 한 대대에서 엊그제 부대로 전입한 이등병이 손을 호호 불면서 찬물에 세면하는 모습을 지나가던 소대장이 보고, 이등병에게 "왜 찬물로 하느냐"며 옆에 있는 "쉬사장에 가서 더운물을 받아다 세면하라"고 시켰다.

이등병은 하늘 같은 소대장님의 말씀이라 세면대를 들고 취사장 炊事場에 가서 "세면을 하게 더운물을 뜨러 왔다"는 말을 했다가 고 참병에게 욕만 실컷 얻어먹고 다시 찬물로 씻으려는 순간, 이번에는 중대장이 지나가다가 그 모습을 보고 앞의 소대장이 했던 말과 똑같은 말을 하고 갔다. 이에 이등병은 소대장보다 높은 분의 지시指示 이니 취사병이 말을 듣겠지 하고 더운물을 얻으러 갔다가 이번에는 더 크게 혼나고 말았다.

시무룩하게 돌아 나와서 찬물에 손을 담그려는데 중대 인사계(요즘은 중대 행정보급관이라는 호칭으로 변경되었음)가 지나가다 그 모습을 보고 이등병에게 "인사계가 손을 씻으려 하니 취사장에 가서 더운물을 세면대에 좀 담아 오너라"고 시켰다. 인사계의 심부름으로 온 이등병을 본 취사병은 이번에는 아무 말 없이 더운물을 퍼주었다. 이등병이 더운물을 가져오자 인사계가 이등병에게 "얼굴까지 씻는 데 충분하지 않지만 이 물로 씻으라"는 말을 하며 자리를 떠났다.

여러분은 이 예화에서 무엇을 느끼는가? 세 사람 모두 엊그제 온 이등병에 대한 배려심을 가지고 있었으며, 소대장과 중대장 두 사람은 자기가 적절한 조치措置를 취했다고 생각하며 자리를 떠났을 것이다. 그런데 더운물을 얻게 해준 지혜를 발휘한 사람은 노련老鍊한 중대 인사계뿐이었다.

자기는 충분히 배려했다고 생각할 수 있지만, 그것이 현실에서 배려의 대상에게 어떻게 작용하는지를 제대로 아는 인식이 필요하다.

배려에도 기술이 들어가야 한다. 거듭 말하거니와 배고픈 호랑이에게 맛있는 풀을 주는 거나, 배고픈 소에게 갓 잡은 사슴 뒷다리를 주는 것은 자기만족自己滿足일 뿐이지 상대에 대한 진정한 배려가 아니다.

배려는 사랑하는 마음으로
모두를 대하는 것이다

내가 대장으로 진급되기 전에 했던 직책職責이 육군항공작전사령관이었다. 보병 병과 출신인 사람이 항공작전航空作戰을 지휘하여야 한다는 게 여간 어려운 일이 아니었다. 내가 사령관으로 임명되기 전에 많은 육군항공병과 장교들은 그동안 여러 이유로 소장少將이 없었던 항공병과航空兵科에서 진급자가 나와 사령관으로 보직되기를 학수고대鶴首苦待하고 있었으니, 내가 사령관으로 가는 게 썩 달가울 리 없었던 상황이었다. 그들의 피해의식被害意識도 어느 정도는 이해할 만하였기에 사령관으로 가면서 그들에 대한 배려에 더 많은 관심을 기울여야 한다고 판단하였다. 다시 말해 육군항공에서 말하면 자기 병과 이기주의利己主義로 비쳐서 추진이 안 되던 항공의 숙

원사업宿怨事業들을 보병 출신인 내가 전투준비 차원에서의 문세로 제기하면 오히려 더 쉽게 해결解決될 수도 있다는 점에 착안着眼하여 스스로 약자라고 생각하는 그들의 대변인代辯人이 되도록 노력하였다.

아마 내가 야전군사령관으로 진급하게 된 이유 중에는 나의 그런 노력을 높게 평가해준 육군항공 장병들의 성원聲援이 크지 않았나 생각한다. 내가 어떤 마음과 자세로 항작사령관 직을 수행하였는지를 내 말로 쓰기가 쑥스러워서 그 대신 나와 함께 근무히였던 사령부의 최고참 대령이 나에게 보내온 편지를 소개한다.

존경하는 사령관님께!

먼저 대장으로의 진급과 제1야전군사령관님으로 취임하심을 진심으로 축하드립니다.

가까이서 좀 더 잘 보필해 드리지 못해 아쉬움이 남지만, 업무에 대한 열정과 탁월한 리더십을 느낄 수 있었습니다. 재임 기간이 11개월에 불과했지만 그 어느 사령관님보다 큰 족적을 남기셨다고 생각합니다.

저는 사령관님을 모시면서 많은 것을 배울 수 있었습니다. 제가 배워야 할 것 10가지를 잘 기록해 놓았습니다.

① 미리 계획하고 준비한다.

(8주간 부대 운용 토의로 부대 운용을 원활하게 하심)

② 정확한 상황 판단으로 결심이 빠르시다.

(예하 부대 및 참모들에게 많은 시간을 주심)

③ 창의적인 발상을 한다

(고정관념들을 많이 깨주심).

④ 계획한 것은 반드시 추진한다.

⑤ 보이지 않는 곳에서 근무하는 인원에 대한 배려심이

많으시다.

⑥ 명확한 지침 제공으로 시행착오를 줄인다.

⑦ 절제력이 탁월하시다.

(해야 할 때와 하지 말아야 할 때를 가려서 절제력 있게 행동

하심)

⑧ 종교 및 출신에 대한 편견이 없으시다.

⑨ 청렴하시다.

⑩ 솔직하시다.

이 밖에도 배워야 할 점이 많이 있지만 가장 특이한 사

항만을 적었습니다. …

끝으로 사령관님의 가정에 늘 하느님의 은총이 가득하

시길 기도드리며, 내내 무운장구하시고, 제1야전군의

발전을 기원합니다. 충성!

2015. 9. 21.

안전관리실장 대령 이연세 올림.

여기에서는 이 장의 주제인 배려와 관련된 8번에 대해서만 이야기하자. 배려의 가장 중요한 개념은 모든 사람과 대상을 사랑으로 대하는 것이라고 믿는다. 군에는 많은 출신 구분出身 區分이 있으며, 출신들 사이에 보이지 않는 벽壁이 존재하는 게 현실이다. 특히 평정이나 진급이라는 문제에 생각이 미치면 '출신으로 인한 불이익은 없을까?'하고 노심초사勞心焦思하는 것이 숨길 수 없는 불편한 진실이다. 나는 모든 출신 장교들을 능력만으로 평가하고자 노력하였다. 출신과 지역, 종교 등에 의하여 불이익을 받는 것은 절대로 용납될수 없다는 게 나의 소신이자 철학이었다. 나는 이것을 '비편애주의非偏愛主義'라고 부른다.

그런 것을 행동行動으로 보여주기 위해 나는 사단장 시절부터 매일 부대 내의 개신교 교회, 천주교 성당, 불교 법당*을 모두 돌면서 부대의 임무 완수와 안전安全을 기원하고 나를 성찰省察하는 시간을 가졌다. 부하들은 천주교 신자인 내가 3개 종파를 두루 돌면서 기도祈禱한다는 것을 처음에는 쉽게 납득納得하지 못하였지만 이런 행동이 하루도 빠지지 않고 이어지니 나의 진심을 이해하게 되었다. 차츰 부하들의 머릿속에 '우리 사단장(사령관)은 자기의 종교나 출신에 대한 편견이 없으신 분이다. 나만 열심히 내가 맡은 일을 잘하면 나를 인정해주실 분이다'라는 생각이 자리를 잡아갔다. 위의 이대령이 보내온 편지가 그것을 증명하는 근거 자료根據 資料이다.

---

* 군에는 공식적으로 4개 종파가 활동하고 있는데, 내가 3개 종파만을 간 것은 지휘하던 부대에는 원불교가 없었기 때문이다. 원불교 교당까지 있었다면 당연히 4개 종파를 갔을 것이다.

내가 매일 새벽에 3개 종파를 걷거나 또는 차를 타고 다니며 드리는 기도—이러한 기도행위를 나는 성지순례聖地巡禮라고 명명하였으며, 부하들도 그리 부르고 있다—의 내용은 세 군데에서 공히 같은 것이다. 다만, 종파에 따라 기도를 들어주실 분의 호칭呼稱이 바뀌고 마지막 구절이 '아멘'이거나 '나무관세음보살'이거나만 차이 날 뿐이다. 나보다 더 멋진 기도를 드릴 수 있는 사람들이 많이 있겠지만, 여기에 내가 드리는 지휘관의 기도를 실으니 각자 자기만의 기도를 만들어보기 바란다.

지휘관의 기도

하느님의 자비하심과 사랑이 (1야전군) 모든 장병과 함께 하시어
모든 장병이 기쁘고, 즐겁고, 보람되며, 행복한 군 생활을 할 수 있도록 이끌어주소서.
군 생활 동안 그들을 건강하게 하시고, 안전할 수 있도록 그들의 손과 발, 머리와 가슴에 늘 함께하여주십시오.
군 생활을 어려워하는 사람들과 함께하시어
지금의 모든 어려움을 이겨내는 힘과 용기를 주시고,
군에 들어왔을 때보다 더 건강한 모습으로 부모 품에 돌아갈 수 있도록 도와주소서.

저에게 주신 은혜가 얼마나 큰지를 알게 하시고, 제가
가진 권한의 무거움을 느끼며 그 권한을 정의롭고 올바
르게 사용할 수 있는 지혜와 용기를 주십시오.
말을 적게 하는 대신 더 많은 것을 듣게 하여주시고,
말로써 다른 사람들에게 상처를 주지 않도록 나를 이끌
어주소서.
저에게 부여된 역할에 충실하게 하시며, 언제나 부하와
후배들로부터 존경받는 지휘관으로 기억될 수 있도록
하여주소서.
또한, 이 나라 이 땅에 진정한 자유와 평화가 도래하기
를 간절히 기도드리옵니다. 아멘

매일 새벽에 성지순례를 하는 것은 나에게 뜻하지 않은 선물을
안겨 주었는데, 각 종파를 순회할 때 생기는 중간의 이동시간에 생
각을 정리할 수 있는 나만의 시간을 만났다는 것이다. 그 시간을 이
용하여 그날 하루에 해야 할 일들을 머릿속으로 생각하면서 우선
순위優先順位를 정했고 부하들에게 지시할 사항들을 구체적으로 구
상하였으며, 장기적인 관점에서 미리 생각해 두어야 할 또는 생각해
봐야 할 여러 가지 생각의 조각들을 머리에 띄워놓고 나만의 워 게
임을 하여 생각 다발로 만드는 버릇이 생겼다. 뇌과학자들의 연구
보고研究 報告에 따르면 인간이 일정한 루틴에 맞추어 생각하는 버

룻을 오랜 훈련을 통하여 몸으로 익혀 놓으면 루틴에 따라서 몸이 자동으로 그 시간에 반응하여 남들보다 더 많은 생각이 떠오르도록 작동한다고 하는데, 나는 성지순례를 통하여 그 이론이 틀리지 않다는 것을 체험하였으니 나의 실례實例를 참고로 여러분도 시도해 보기를 권한다.

얼마 전 확인한 바에 따르면 내가 성지순례를 하는 모습에서 영감 靈感을 얻은 어느 사단장이 자기의 성지순례를 한다 하니 나의 아이디어가 더 많은 곳에서 더욱 아름다운 꽃으로 피어나기를 기도한다.

———

天日無私 花枝有序
日月無私照

소통疏通

생각하는 바가 서로 통함

소통 없는 군대는 순환기 장애로 죽는다.

'군대만큼 소통疏通이 필요한 곳이 어디에 더 있을까?'라는 생각은 군복을 입고 있는 모든 사람이 공통적으로 가지고 있을 것이다. 작전명령作戰命令을 수령하고 거기에 나타난 상급 지휘관의 의도를 정확하게 이해하지 않고서는 상급 부대의 일부로서 참여하게 되는 전투에서 자기 역할을 제대로 할 수 없기 때문에 군에서의 소통은 다른 어떤 조직보다 더 중요하고 큰 의미를 지닌다. 그러나 아이로니컬하게도 군대만큼 소통이 잘 안 되는 조직도 없으며, 상명하달上命下達을 소통으로 착각錯覺하고 있는 것이 현실이다. 군의 상급자들은 모두 자기가 소통의 달인達人이라고 인식하고 자랑하기도 하는 데 비해, 그의 하급자들은 모두 아니라는 반응을 보이는 예를 쉽게 찾아볼 수 있으니 인식의 격차隔差만큼이나 소통의 어려움이 큰 것으로 느껴진다.

야전군사령관을 하면서 예하 부대에 대한 전투지휘검열을 통해서 해당 부대 지휘관의 소통 노력疏通 努力을 확인해보면, 소통을 잘하고 있다고 자신하는 지휘관일수록 부하들의 평가 점수는 자신감과 반비례反比例하는 현상을 발견하였다. 이것은 소통의 기본적인 개념을 잘못 이해하고 있음에 기인하지 않나 생각한다. 상급자가 여러 수단과 공간을 활용하여 열심히 하급자들과 대화를 나누는 것, 주로 자기가 많은 말을 하는 것을 소통하고 있다고 착각하는 것으로 여겨진다. 물론 나도 그런 오류誤謬를 범하지 않았다고 자신할 수는 없지만 나름 열심히 노력하였다는 점은 밝히고 싶다. 아래의 편지는 내가 야전군사령관으로 부임된 지 얼마 안 되어서 사령부 내의 부하들에게 보낸 두 번째 편지이다. 첫 번째 편지를 사령관 이름으로 보냈을 때 많은 사람이 사령관 이름을 빙자憑藉한 스팸메일인 것으로 생각하여 열어보지조차 않았던 사건이 기억난다.

사랑하는 통일대 전우 여러분, 사령관입니다!

이제는 이러한 메일이 스팸이나 장난이 아니라는 것을
경험을 통해 알고 계시지요? ㅎㅎㅎ
사령관에게는 취임 후에 참으로 바쁘게 달려온 시간이
었습니다.
마음으로는 여유를 갖자고 생각은 하였지만, 드러나는 바
는 그러지 못하여 공연히 나의 취임으로 인해 전우 여러
분을 번거롭게, 바쁘게 만든 점을 미안하게 생각합니다.
앞으로도 쓸데없이 노력을 낭비하는 바쁨은 척결하도
록 제가 더 노력하겠습니다. 그러기 위하여 가장 좋은
방법은 제가 요구하는 것을 줄이는 것인데, 40년 가까
이 해온 군 생활을 통해서 내 근육에 기억된 인자이다
보니 쉽게 변하지는 않네요. ㅜㅜㅜㅜ 그럼에도 불구하고,
사령관이 나름 노력하고 있음을 고백하니 참고 기다려
주기 바랍니다.
제가 보낸 메일에 많은 사람이 답장을 하면서 좋은 의
견도 많이 주셨습니다. 역시 한 사람의 머리보다는 여러
사람의 다양한 의견이 더 훌륭함을 느낍니다. 사령관은

나의 개인기에 의존해서 움직이는 사령부가 아니라 모든 전우의 중의를 수렴한, 그리하여 지속성이 있는 방향으로의 부대 운영을 하고 싶습니다.

물론, 제 경험이나 철학에 의하여 강조되거나 새롭게 시도되는 부분이 없다고는 못하겠지만 그러한 것들도 바쁘게 하기보다는 여러분의 의견을 받들어 점진적으로, 단계적으로 추진되기를 희망합니다. 또한, 많은 사람이 사령관의 소통을 위한 행위를 높게 평가하면서도 '일과성으로 끝나지 않을까? 아니면 말로만 하는 것으로 그치지 않을까?'하는 의구심을 갖고 계시다는 점을 느꼈습니다. 오늘의 이 편지는 두 번째의 의문은 맞지 않다는 것을 증명(?)해 보이기 위해 쓰는 겁니다. ^^

내일부터 민족의 최대 명절인 추석 연휴가 시작됩니다.

모든 사람이 다 쉬고, 놀 때 그렇지 못하고 더 바빠지는 사람들이 있지요. 군인도 그들 중 하나이고요! 사령관의 군 생활을 돌이켜보아도 초급간부 시절을 제외하고 추석 때 부모님께 인사를 갔거나 성묘를 간 기억은 없습니다. 어쩌면 군인의 길을 걷는 사람들의 공통된 숙명인지 모르겠습니다. 그러면서 제 나름대로 생각하고 결심한 바가 있습니다. 내가 능력이 되어서 해줄 수 있는 위치에 있다면 가능한 범위 내에서 내 부하들이 가족과 함께할 수 있는 기회를 많이 만들어주자! 그래서 듣거나 아는 사람들도 있겠지만, 아이들 수능시험, 졸업식, 학교 체육대회, 부부의 날 등을 챙겨주고 있고요…. 하다 보니 내 자랑이 되었네! ^^

암튼 그런 마인드를 사령관이 기본적으로 가지고 있음을 알아주었으면 좋겠다는 말입니다.

추석 연휴와 관련하여서 사령관은 이미 명확한 지침을 주었습니다.

"지켜야 할 사람은 확실히 자리를 지키고, 쉬어도 되는 사람은 마음껏 쉬자!"

오늘 오후에 차가 막힐 것을 우려한다면 처·부장 허락하에 조기 퇴근을 허용해주라는 재량권도 주었습니다. 마음이 이미 고향길 고속도로에 있고, 길이 막힐까 걱정이 태산인데 책상에 앉아 있는다고 일이 됩니까?!!!

"할 땐 팍! 쉴 땐 푹!" 이게 대대장 때 우리 부대 구호였습니다. 잘 쉬는 것도 우리의 중요한 전투 준비 행위입니다.

먼 길을 다녀오는 사람들은 오가는 길에 안전하기를 바라고, 만나는 사람 사람마다에게 우리 군을 잘 홍보해주기를 당부드리며, 여러 이유로 원주를 지키는 사람들에게도 근무와 휴식이 잘 조화되어 피로를 풀 수 있는 충전의 날들이 되길 바랍니다.

해피 추석!!! 메리 중추절!!!

통일대 식구들을 가슴으로 사랑하는 사령관이 보냅니다.

내가 보낸 메일을 여기에 실은 이유는 상급자의 진정성眞情性을 느끼게 하는 것이 소통의 가장 좋은 방법임을 강조하기 위함이다. 진정성은 글을 미려美麗하게 잘 쓰는 데에서 느껴지는 게 아니고 투박하더라도 본인의 솔직한 마음을 가감加減 없이 전달하는 데에 있다는 점에 주목해야 한다. 내가 부하들과의 소통을 통하여 받은 주된 반응은 "글에서 사령관의 진정성이 느껴져서 좋다"는 것이었다. 더 중요한 사항이 한 가지 있다. 글의 진정성을 높이는 가장 중요한 요소는 글을 쓴 사람의 평상시 행동이다. 행동으로 모범模範을 보여주지 못하면서 그럴듯하게 글을 써서 부하들에게 날마다 보낸다고 하여도 그를 소통의 달인으로 인정할 부하는 한 사람도 없음을 명심해야 한다.

소통의 기술

우리는 작은 것에도 쉽게 감동하는 경우가 많은데, 그것이 높은 사람에게서 받은 것이라면 감동이 배가됨을 경험했으리라 믿는다. 소통의 기술은 '어떻게 하면 아랫사람들에게 감동을 줄 수 있을까?'를 생각하며 노력하는 것이라고 생각한다.

상급 지휘관이 예하 부대를 방문하는 것은 현장의 정확한 실태를 파악하고 부하들과의 스킨십을 높이며 자기의 의도를 정확하게 전달하는 장점들도 많지만, 방문에 따르는 보이지 않는 역기능逆機能도 상당히 많음을 군에 다녀온 사람이라면 모두 짐작할 것이다. 현장 방문이 소통을 위한 중요한 수단임에도 불구하고 이런저런 부작용을 걱정하여 회피하는 경우도 왕왕 있다.

GOP를 담당한 전방 연대장은 수시로 GP와 GOP를 대상으로 현장 지도現場 指導를 해야 하는데 연대장이 올 때마다 장병들이 힘들어서 차라리 오지 말기를 바란다면 제대로 된 소통이 이루어질 수가 없을 것 같아 현장 방문을 통해 부하들과 격의隔意 없는 소통을 하면서도 그들이 나의 방문을 싫어하지 않게 만들 방법이 없을까를 고민하다가 착안한 것이 '방문을 통해 작은 감동을 주는 것'이었다.

연대장이 현장을 방문해서 일방적인 지적이나 지시를 남발濫發하는 것을 최대한 자제함은 물론이고, 방문 후에 그들에게 작은 선물을 보내는 것인데, 만약 오늘 내가 어느 GP를 방문하였다면 그 GP에 대한 기억이 뚜렷하게 남아 있는 시간에 거기에서 느꼈던 소대의 분위기와 작지만 의미가 있었던 나의 느낌, 특별히 기억에 남는 병사의 이름과 그가 보인 행동에 대한 고마움을 연대장이 손편지로 써서 다른 사람 순찰 편에 그 GP로 보내주었다. 또한, 병사들이 가장 받고 싶어 하는 휴가증休暇證 두 장을 편지 안에 동봉하면서 모범 병사가 아니더라도 GP장이 꼭 보내고 싶은데 휴가를 보내주지 못한 병사가 있다면 반드시 부대장들과 상의相議하여 보내라는 말을 덧붙임으로써 초급 지휘자들의 지휘권指揮權을 보장해주려 노력하였다.

그런 방법을 쓴 지 얼마 되지 않아 연대장이 방문한 GP나 GOP 소초 게시판揭示板에는 연대장 방문에 감사한다는 말과 함께 내가 보낸 손편지가 코팅되어 붙어 있는 모습을 보게 되었고, 아직 연대장이 방문하지 않았던 GP나 GOP 소초로부터 온 "우리에게는 언제 오시냐"는 독촉督促이 메일함에 쌓이기 시작하였다. 물론 그들이 연대장보다는 휴가증에 더 마음이 있었다는 바를 모르는 것은 아니지만, 나의 작은 착안과 노력이 소통을 위한 긍정적이고 좋은 분위기를 만들어간 것만은 분명했다. 첨언하면, 나의 손편지 쓰기는 야전군사령관 때까지도 계속되었다.

또 한 가지는 쌍방향雙方向 소통에 관심을 가져야 한다는 점을 강조하고 싶다. 앞에서 예를 들은 것처럼 사령관이 특정 집단特定 集團에게 그룹 메일을 보내면 많은 경우에는 오륙백 통 정도가 되는데, 사령관 메일을 받고 답을 보낸 사람들에게 또다시 내가 답을 쓰는 것도 만만치 않은 품이 요구된다. 그룹으로 보내는 메일은 한 번만 쓰면 되지만, 개인적으로 보내야 하는 답신答信은 글을 받는 사람마다 해야 할 말이 다르니 'ctrl + c', 'ctrl + v'로 할 수는 없지 않은가? 그러다 보니 비록 시간과 노력이 많이 들어가기는 했지만 가급적 모든 메일에 답신 하려고 노력하였다. 집무실에서 안 되면 공관公館에 가서라도 하고, 정말로 어려운 여건이면 단 한 마디 '쌩큐'라는 말만이라도 반드시 보냈다. 이것도 앞에서 말한 리더십의 황금률을 적용했던 것으로, 만약 '대통령께서 나에게 답신을 보내면 내가 얼마나 행복幸福해할까?'를 생각하면 내 답신을 받고 기뻐할 부하의 얼굴을 떠올리며 어떤 날은 수백 통의 글을 쓰기도 하였다.

쌍방향 소통을 위해서 착안한 것 중의 하나가 통통 데이다. 왜 이름을 '통통 데이'라고 지었는지를 설명하면 모든 게 이해되리라 생각한다. '통통'은 통할 통通 자를 두 번 쓴 것이다. 첫 번째 통은 '의사소통意思疏通'을 나타내는 통으로 소통을 잘하자는 의미이고, 두 번째 통은 '경제가 통한다'할 때의 통으로 돈이 잘 돈다는 의미를 담아 내가 작명作名하였다. 군의 간부들 특히, 사단급 이상의 간부들은 주로 별도의 시설에서 점심을 하는데 부서장들이 지휘관과 함께 식사를 하다 보니 부서별로 식사를 하려면 불가피하게 회식 계획會食 計劃을 세워 저녁이나 휴일에 모여야 한다. 또한, 부대 인근의 마을 입장에서 보면 간부들이 거의 부대의 식당을 이용하므로 군

통통 데이, 실무자들과 함께 점심을 하다.

인만 바라보며 식당을 하는 입장에서는 수익 창출收益創出이 어려운 문제도 있다. 그런 면을 동시에 해결하면서도 간부들의 호주머니 사정에 영향을 수시 않기 위해서 월 1회 정도 점심을 부서별로 인근의 민간식당民間食堂을 이용토록 하니 점심시간에 부서원들이 함께 식사하면서 서로의 친밀감親密感을 높이고 저녁 회식에서 해방되며 식당 주인은 주인대로 새로운 손님을 받아 기뻐하였다. 지휘관인 나는 이날만큼은 부하들에게 점심을 얻어먹었는데, 김영란법이 발효된 이후에는 법에 저촉抵觸되지 않도록 함께 식사하는 부서원들이 1/n로 내 밥값을 계산해주었다. 군단장이 참모부의 실무자와 한 테이블에 앉아서 밥을 먹는 것은 매우 이례적인 일이어서 나도 그들과 밥을 함께 먹으면서 개인적인 일이나 부서의 업무를 파악하는 즐거움을 경험하였다. 많은 부대에서 이를 벤치마킹하여 각기 부대의 특성에 맞는 이름을 붙여서 시행하는 것을 보면 슬며시 내 입가에 미소微笑가 뜬다.

소통의 또 다른 저해 요소

군에서 소통을 저해하는 다른 요인은 부하들의 잘못된 편견과 선입견이다. '내가 바쁘신 상급자에게 이런저런 이야기를 해도 되나?', '그동안 한 번도 연락을 하지 않다가 갑자기 글을 쓰면 무례한 놈이라 욕하지 않으실까?', '나를 기억이나 하고 계실까?' 등의 문제를 미리 걱정하며 소통에 소극적인 사람들을 많이 보았다. 단언하건대, 모든 상급자는 부하들이 자기와 이야기하는 것을 바라고 즐기고 있다. 그러니 그런 염려일랑은 당장 쓰레기통에 버리고 상급자에게 다가가야 한다. 통通한다는 의미는 일방향이 아닌 쌍방향으로 왔다 갔다 하는 것을 말하는 것이니 상급자가 소통에 나서지 않는다고 투덜거리지 말고 여러분이 먼저 다가가길 권勸한다.

　군 생활 중에서 가장 어려운 일 중의 하나는 상급자의 의도를 정확하게 아는 것이다. 어떤 임무를 부여받아서 추진할 때 일을 시킨 사람의 진정한 의도가 애매모호曖昧模糊한 경우가 많은데, 이럴 경우 일을 해야 하는 실무자의 입장은 실로 난감難堪하기 그지없다. 상급자의 입맛에 무조건 맞추는 게 능사能事라는 뜻이 아니라 최초 단계에서 의도를 정확히 모르면 불필요한 노력을 낭비할 소지가 매우 크기 때문에 그렇다. 지시 사항을 추진하기 위한 대략적인 구상構想을 하였지만, 이것이 제대로 된 접근接近인지 확인하는 것이 불필요한 노력의 낭비를 방지하는 효과적인 방법이다. 소통에 능한 상급자라면 임무를 부여할 때 이미 상세詳細한 자기 의도를 주었을 테지만, 그런 상급자가 흔치 않은 법이니 상급자의 정확한 의도를 알아내는 능력이 업무 능력의 최우선이라 해도 그리 틀린 말은 아닐 것이다. 잘못된 방향으로 한참을 열심히 달려간 후에 '이 산山이 아닌가벼…' 하며 내려올 수는 없지 않겠는가? 그래서 유능한 참모는 상급자와 자주 소통을 하여야 한다. 소통을 통하여 상급자의 의도를 끄집어냄으로써 부하들이 엉뚱한 노력을 투자하지 않도록 해주어야 한다.

사령부 작전처장일 때 내가 주로 사용했던 소통 방법은 참모 목욕탕에서 사령관과 대화하는 것이었다. 가장 자연스러운(?) 모습으로 만나는 목욕탕에서 현재 추진하고 있는 일들을 대략 언급하면서 사령관께서 최근에 지시하신 사항 중에서 추진 방향을 잡기가 곤란한 업무에 대해 처장의 구상構想을 간략히 보고드리면 사령관께서 이런저런 추가 지침을 주셨는데 그 지침에 따라 일하면 불필요한 노력을 훨씬 줄일 수 있었다. 이 방법은 내가 지휘관일 때에 나의 참모들에게도 쓰라고 강추했던 것으로 참모들은 이러한 소통에 '목욕탕 토크'라는 이름을 붙였다.

아이젠하워 원수가 유럽 주둔 연합군 총사령관을 하던 때의 일화이다. 하루는 아이젠하워가 전속부관과 함께 비가 오는 저녁에 부대 내를 순시하고 있었는데 계단을 내려가는 길에 한 병사를 만나게 되었다. 그 병사가 총사령관임을 알아보지 못하고 아이젠하워 원수에게 반말로 "어이, 담뱃불 좀 줄래?"라고 말하자 아이젠하워가 흔쾌히 담뱃불을 붙여주었고, 그 병사는 고맙다는 말도 없이 자리를 떠나는 일이 발생하였다. 이를 지켜본 부관이 분개하여 그 병사를 불러 질책叱責하려 하자, 아이젠하워가 부관을 말리면서 다음과 같이 말을 하였다고 한다.

"너와 나는 계단 위에서 그를 보았으니 그 병사의 계급을 알아보았지만, 그 병사는 어두운 계단 밑에서 나를 보았기 때문에 내 계급장을 보지 못하였을 것이다. 그러니 그가 나를 알고도 무례無禮를 범한 것은 아니라고 생각한다."

소통을 잘하는 사람들은 밑에 있는 사람의 입장에서 문제를 바라본다. 우리가 아는 '이해하다'라는 영어 단어 'understand'는 밑에under 서 있다stand는 뜻이다.

소통을 잘하여 승리한 지평리 전투

6·25전쟁에 대하여 공부를 하다 보면 대조적對照的인 두 사람의 미군美軍을 만나게 된다. 한 명은 뛰어난 능력에 비하여 늘 비난의 대상으로 나오는 알몬드 소장이고, 반대편의 한 명은 소통으로 부하들의 신뢰를 받은 대표적인 인물로 회자膾炙되는 지평리 전투의 영웅 폴 프리먼 대령이다.

알몬드는 맥아더 총사령관의 참모장으로서 그의 열렬한 추종자追從者였으며, 당연히 맥아더의 신임을 한 몸에 받았다. 그 대가로 주변 사람들로부터 과잉 충성過剩 忠誠의 아이콘으로 낙인찍혀 비난의 대상이 되기도 했지만, 그는 누구나 인정하는 금욕주의자禁慾主義者에 완벽주의자完璧主義者였으며 자기절제自己節制가 강하고 자부심이 높아 늘 최고가 되고 싶어 했던 군인이었다. 흥남 철수 작선 때 미군의 철수 함대에 한국 피난민避難民을 태워 수송하는 것을 결정한 사람도 알몬드 장군이었으니 그가 훌륭한 장군이었다는 것은 틀림없는 사실이다. 그렇지만 알몬드 장군이 가지고 있던 결함缺陷은 부하들로부터 진심 어린 존경과 신뢰를 받기 위해 한 그의 의욕적意慾的인 행동들이 부하들에게 전혀 감동을 주지 못했음에도 불구하고 본인은 그 사실을 모르고 있었다는 점이다. 자신이 모든 것을 다 알고, 잘하고 있다고 확신한 알몬드는 나름 소통의 리더십을 추구하고 실천하였지만, 장병들은 그의 행동을 자기과시自己誇示로 받아들였다. 그의 소통은 소통이 아니라 교만驕慢이 다른 옷을 입고 나타난 것과 같았다고 부하들이 생각했는데도 그는 그 사실을 모르고 열심히 10군단장으로 한국전쟁에서 헌신하였던 불행한 군인이었다.

반면에 프리먼 대령은 말쑥한 생김새에 행동이나 말투에서 전형적典型的인 샌님 스타일의 군인이었다. 그간의 군 경력을 보더라도 전투 경험이 전혀 없어서 전투 부대의 지휘관이 될 자격을 갖추지 못하였다. 그런 이유로 인하여 대령으로 전역轉役을 눈앞에 둔 상태에서 자기가 모셨던 마셜 국무장관의 도움으로 2사단 23연대장으로 발령을 받아 부임을 준비하던 중에 한국전쟁이 발발하여 낙동강 방어선에 투입된 인물이다. 낙동강 돌출부突出部 전투에서 미 2사단의 모든 지휘관이 무능함을 드러내었지만, 전투 경험이 전혀 없던 프리먼 대령이 보여준 지휘력은 부하들의 전폭적인 신뢰를 얻었다. 그러한 배경에는 그가 보인 소통의 리더십이 자리 잡고 있었는데, 프리먼은 괜히 화를 내거나 쓸데없는 명령을 내린 적이 한 번도 없었으며, 부대원 모두가 연대장이 진심으로 자신들을 아끼며 자신들의 안전을 위해 노력하고 있음을 믿었다는 것이다. 당시 프리먼 대령 예하의 소내쟁으로 진투에 참가했던 사람 중 한 명이 '솔선' 장에서 등장한 할 무어 소위이다. 그는 '강인한 정신력, 뛰어난 판단력, 부하를 존중하는 태도'를 프리먼 리더십의 특징이라고 말한 바 있다.

1951년 2월에 중공군의 4차 공세攻勢가 시작되자 알몬드는 방어선을 유지하는 것보다 막강한 기동력機動力을 이용한 선제공격으로 적이 균형을 와해瓦解할 것을 결심하고 전략적 요충지로 판단한 지평리를 확보確保하기 위하여 23연대로 하여금 지평리를 거쳐 원주로 진격하라는 명령을 내렸다. 그러나 이것은 한국의 지형 여건地形 輿件을 전혀 고려하지 않은 무모한 계획이었음이 곧 밝혀졌는데, 23연대 5,400여 명이 지평리로 들어갔을 때, 중공군 5개 사단이 이미 그곳에 잠복潛伏하고 있었다. 독 안에 든 연대를 구하기 위하여 프리먼은 통상적으로 사용하던 고지 점령高地 占領 전술을 버리고 평야와 얕은 구릉을 따라 사각형의 방어진지防禦陣地를 구축構築하여 방어태세를 갖추어 나갔다. 그가 이렇게 한 이유는 중공군이 보급에 문제가 있기 때문에 전투를 오래 지속할 수 없다는 점을 정확히 간파하고, 지구전持久戰을 통해 적의 약점을 확대하기 위함이었다. 항공 보급을 위해 방어선 안에 간이 활주로簡易 滑走路까지 준비한 것을 보면 자신의 강점을 이용하여 적이 약점에 대응하는 전술을 당시 상황에 맞게 구사한 것으로 볼 수 있다. 전투를 오래 끌고 갈 수 없는 상황이었던 중공군은 당연히 산을 내려와 평야를 가로질러 23연대를 공격해야 했으므로 미군의 화력에 노출되어 엄청난 피해를 낼 수밖에 없었다. 그럼에도 불구하고 두 부대 간의 워낙 큰 전투력 차이로 인해 4일째 전투에서 버티지 못하면 23연대가 전멸全滅을 당할 위기의 상황에서 기적적으로 중공군이 물러났다. 프리먼이 예측했던 것처럼 보급품이 바닥난 것이었다. 전투에 참여했던 모든 장병은 연대장에 대한 신뢰와 믿음이 없었다면 지평리 전투의 승리는 없었을 것이라고 한목소리로 말했다. 부하를 진정으로 사랑하며 부단한 소통으로 부하들과 하나가 된 프리먼의 소통 리더십이 알몬드와 달리 교만이 아닌 기적의 옷을 입고 나타난 것이 바로 지평리 전투이다.

지평리 전투를 찬찬히 살펴보다 보면 어디선가 비슷한 것을 봤다는 기시감(既視感, 데자뷔deja vu)이 들지 않는가? 책을 열심히 읽은 사람은 앞에서 소개한 할 무어의 '이아드랑 전투'가 생각날 것이다. 왜냐하면 지평리 전투 사례는 미 육사의 전술 교범戰術 敎範에 수록되었으며 할 무어가 그것을 응용應用하여 이아드랑 전투를 하였다고 증언하였으니까….

손자의 말이 다시 생각난다. "전승불복 응형어무궁戰勝不服 應形於無窮. 전쟁에서 똑같은 방법으로 이기지 못한다. 이긴 방법을 응용하여 새로운 것을 만드는 길은 무궁무진하다."

소통은 잘 듣는 게
우선이다

나는 새해가 시작되면 그해에 이룰 가장 중요한 목표를 사자성어 四字成語로 만드는 습성이 있다. 해마다 보직이 바뀌는 것이 상례인 군인은 매해 자기의 온 정성을 쏟을 목표가 다르게 있어야 한다는 것이 나의 생각이기 때문이다. 예를 들어 합동군사대학교 총장일 때에는 학교기관의 수장답게 부하 직원이 추천한 '교학상장敎學相長'이 그해 나의 사자성어가 되었다.

돌이켜보면 나는 목표에 대하여 많은 관심을 가졌던 것 같다. 교관을 하면서 전쟁 원칙戰爭原則을 강의할 때에도 가장 중요한 원칙 중의 하나로 목표의 원칙을 강조하였다. 우리가 다루는 전투력은 물리학적物理學的으로 말하면 벡터vector이다. 즉, 작용점, 크기, 방향의

3가지를 모두 가지고 있다는 말이다. 이 중에서 방향이 무엇보다 중요하다. 골프를 치는 사람들이 자주 하는 유머 중에 '장타우환長打憂患'이라는 말이 있다. 다른 방향으로 멀리 나가는 것보다 다소 짧더라도 똑바로 나가는 샷이 더 좋다는 뜻이다. 방향성의 문제를 제대로 짚은 말이라고 생각한다. 세네카의 명언으로 내가 자주 인용하는 이 말도 목표의 중요성을 나타내는 것이다.

목표 없이 항구를 떠나는 배에게 부는 모든 바람은 역풍이다.

다시 본론으로 돌아가서, 군 생활의 마지막 해가 될 수 있겠다고 생각했던 2017년을 맞으며 내가 정한 사자성어는 '무애융통無礙融通'이었다. 우리가 통상 쓰는 말은 그 반대인 '융통무애融通無礙'인데, 이는 마지막 두 글자인 '무애' 즉 '장애가 없다'에 방점이 있다고 생각하여 소통에 더 무게를 둔 말로 바꾸어 사용하였던 것이다. 육군대장이라는 계급도 야전군사령관이라는 직책도 모두 내려놓고 부하들과 친구처럼, 전우처럼 지내며 그들 마음의 소리를 듣고 내가 제대로 하고 있는지를 성찰하고, 군을 위해 무엇을 더 해야 하는지를 생각하는 좋은 계기가 되었음을 밝힌다. 앞에서도 말하였지만, 소통은 듣는 것이 먼저이다. 물론 나도 그랬지만 계급이 높아지면 자꾸 말이 앞서는 경향이 있는데, 이는 소통을 막는 가장 나쁜 습관習慣이다. 들어주는 것만으로도 소통의 구 할은 달성達成되었다고 믿는다.

내가 합동대 총장 시절에 어느 학생 장교가 졸업을 하루 앞두고 장문의 메일을 보내왔다. 요지要旨는 육군대학의 평가 체제評價 體制가 공정하지 못하니 이를 바로잡아달라는 것이었다. 내일이 졸업식인데, 그 학생 장교의 문제를 해결해줄 방법이 없어서 내가 진실한 마음을 담아 답장을 보내며 그 학생 장교를 설득하였었다. 그리고 그런 경험이 육대의 평가 체제를 발전시키는 촉매觸媒가 된 것도 사실이다.

몇 년이 지난 후 야전군사령관으로 보직되어 예하의 모 사단을 방문하도록 되어 있던 전날에 한 통의 메일을 받았는데 바로 평가 문제를 제기하였던 학생 장교가 방문할 사단의 정보처 보좌관輔佐官으로 있으면서 보낸 것이었다. 잠시 편지 내용을 소개한다.

오늘 사단을 방문하시기로 예정되어 있는데, 존경하는 사령관님을 다시 뵐 생각을 하니 너무 기뻐서 글을 남깁니다.

2012년에 사령관님께서 합동대 총장으로 계실 때 저는 정규과정 교육생으로 교육 중이었습니다. 수료 전날 성적에 실망한 나머지 총장님께 장문의 편지를 썼고 그것을 다 읽고 이해하신 총장님께서는 답장에 심적인 위로와 격려를 담아주셨고, 부족한 시스템에 대한 보완도 약속해주셨던 기억이 있습니다.

답장의 마지막 문구는 "네 스스로 꽃이라 믿는 한 그 꽃은 언젠가 필 것이다"라는 말이었습니다. 당시까지 수년 동안 전역을 고민했던 저에게 너무나 큰 여운과 반성을 남겼고, 지금은 주변 사람들에게 힘을 북돋을 때 자주 인용하는 말이 되었습니다.

후배 장교들에게 영감과 비전을 주시는 사령관님!

무한한 감사와 존경을 드립니다. 감사합니다!

그 학생 장교의 아픔을 들어주려고 하였던 나의 작은 노력이 한 장교를 일으켜 세웠고, 그 장교 또한 자기가 경험하였던 어려움 극복의 지혜를 활용하여 주변에서 어려움을 겪는 사람들에게 힘을 보태주고 있다고 생각하니 소통의 힘이 얼마나 큰지 새삼 느낀다.

"네 스스로 꽃이라 믿는 한 그 꽃은 언젠가 필 것이다"라는 멋진(?) 말을 내가 만든 것인지, 아니면 어디서 보았던 문구文句가 그 학생 장교를 위로하기 위해 그때 떠올랐던 것인지는 지금도 잘 모르겠다.

훌륭한 커뮤니케이터는 상대방의 언어를 사용한다.
— 마셜 맥루한

지략智略

뛰어난 슬기와 계략

지략으로 전승하자.

합동군사대학교는 육군대학, 해군대학, 공군대학과 함께 몇 개의 교육과 연구에 관련된 부서들로 이루어져 있다. 정예精銳 중견간부를 육성하기 위한 육군의 최고 교육기관인 육군대학의 모토는 "지략智略으로 승리하자"이다. 육군대학에 따르면 지략智略은 "지식과 지혜를 겸비한 '슬기로운 계략'으로서 용병술 체계用兵術 體系상 고도의 술術적 영역까지를 포함한 의미"라고 한다.

지략으로 승리하자

'지력' 장에서 이야기했지만 유사시 군인이 수행해야 하는 전쟁은 엄청나게 복잡한 것이다. 전쟁터는 정치, 경제, 사회, 문화, 외교 등 여러 요소가 복합적으로 작용하는 공간空間이다. 마치 오케스트라 연주에 여러 종류의 악기들이 각각의 역할을 담당하듯 전쟁도 국가를 구성하고 운영하는 모든 분야가 각자의 역할을 제대로 할 때 성공적으로 수행할 수 있는 것이다. 특히, 전쟁 수행의 가장 결정적 수단決定的 手段인 무력을 운영하여 부대를 지휘하는 군인은 여러 분야의 방대한 지식과 각각의 특징을 잘 이해하고 있어야 한다.

여러 가지 버전으로 군인을 정의할 수 있겠지만 전쟁을 준비하고 수행하는 차원으로만 국한局限하여 내가 부하들에게 얘기하는 군인의 정의는 "머리로 생각한 것을 작전계획이나 명령으로 작성하여, 전투 현장에서 의도한 대로 실행할 수 있도록 준비하고 훈련하는 자者"이다. 여기에서 '머리로 생각하는 것'이 지략을 만들어가는 과정을 말한다. 군인의 전문성이 최고로 발휘된 상태가 바로 지략을 창출하는 단계인데, 지금까지 누구도 생각하지 못했던 새로운 싸우는 방법을 찾아냈음을 의미한다. 나는 지략이 아래의 3단계를 거쳐서 습득된다고 생각한다.

지력知力 → 지력智力 → 지략智略

1단계 지력知力은 '알다, 깨닫다'는 의미의 '知'와 힘 '力'자를 써서 '아는 힘', 지력이라고 한다. 주로 지식知識을 습득하는 단계로 생각하면 되겠다. 지력을 2부에서 언급하고 지략을 4부에서 언급하는 이유도 지략을 갖추기 위해서는 지력을 먼저 쌓아야 하기 때문이다. 2단계 지력智力은 '지혜롭다, 슬기롭다, 모략'이라는 뜻의 '智'자를 써서 '지혜로운 힘'이 된다. 습득한 지식이 차곡차곡 쌓여 이 지식의 상호작용相互作用 속에서 마침내 도道가 통하면 지혜롭게 되는 단계이다. 마지막 3단계 지략智略은 지혜로울 '智'에 '다스리다, 빼앗다'는 의미의 '略'을 써서 어떻게 적과 싸워 이길까를 만드는 수준으로 완성이 되는 것이다.

"最高의 智略", "合同으로 戰勝", "祖國에 忠誠"은 내가 총장으로 근무하였던 합동군사대학교의 교훈인데, 이것이 우리 군인이 생각하는 지략에 대한 방향성方向性을 제공한다고 생각한다. 국가와 국민의 생명을 보호하고 조국에 충성하기 위해 적과 싸우는데 그것은 단순한 근육의 힘으로 싸우는 것이 아니고 최고의 지략으로 싸워 이겨야 한다는 의미를 내포內包하고 있음을 직시해야 한다.

그러면 단계별로 어떻게 해야 이러한 힘을 얻을 수 있을까? 먼저 지식의 '지력知力'을 얻기 위해서는 부단한 공부가 선행되어야 한다. 사회 현상社會 現象과 인간관계, 문화·예술 등 다양한 분야에 대한 지적 호기심을 갖는 것이 중요하다. 호기심이 없는 사람은 정신적으로 이미 늙은 사람이다. 니체는 "늙는다는 것은 젊었을 때 가지고 있었던 빛나는 호기심이 점점 없어지는 것이다"라고 말했다. 호기심을 가지고 모든 사물을 대하다 보면 궁금증이 커질 것이며, 그러다 보면 배워야 할 게 너무 많다는 사실을 깨닫게 될 것이다. 배움에 대한

갈증을 느끼면 자연히 책을 가까이하게 된다. 지식을 충족시키려는 욕망에 따라 지속적인 독서를 하게 되면 여러분의 지력은 머릿속에 이미 들어있는 다른 지식과 네트워크를 만들면서 서서히 지혜智慧로 발전해나갈 것이다. 다른 사람과 다르게 생각하는 법을 강조하면서 자주 인용하는 말이 "박스 밖에서 생각하라!", 영어로 말하면 "Think out of Box!"이다. 그런데 박스 밖에서 생각하려면 우리는 먼저 박스를 준비해야 한다. 나는 박스를 준비하고 그 박스 안을 자신만의 지식으로 채워가는 단계가 꾸준하게 이루어져야만 박스 밖에서의 생각이 가능하다고 믿는다. 그렇게 되면 지식과 지식이 융합融合하면서 새로운 지식이나 지혜를 만들어낸다. 15세기 유럽의 르네상스 시대가 이와 같은 과정으로 발전해나갔음을 알면 쉽게 이해가 될 것이다.

이탈리아 피렌체의 메디치 가문이 상업을 통해서 어마어마한 부富를 축적한 후에 유럽의 문화예술가, 철학자, 과학자, 심지어 상인 등에 이르기까지 다양한 분야의 전문가를 후원하자, 그 후원을 받기 위해 자연스럽게 모인 여러 종류의 이질적異質的인 집단 간의 교류가 생기면서 서로의 역량이 융합되어 나타난 사회 현상이 르네상스라는 것이다. 서로 다른 이질적인 분야를 접목接木하여 창조적이며 혁신적인 아이디어를 창출創出하는 것을 일러서 르네상스를 일으킨 가문의 이름을 따서 '메디치 효과Medici effect'라고 한다.

지식단련을 통해서 메디치 효과를 경험한 지혜로운 군인이 자신의 전문분야인 군사軍事에 대해 심사숙고深思熟考를 하는 사색의 과정을 거치면서 그전까지 자기가 가지고 있던 정형화된 군사 이론軍

事理論의 교리적인 틀을 깨고 나와 실천력을 갖는 자기만의 도道로 자리를 잡으면 그때야 비로소 지략智略의 단계에 이른 것이다. 그러한 수준에 오른 지략가는 새로운 전쟁 수행 개념戰爭遂行槪念을 만들 수 있는 능력을 갖게 되는데, 지금까지 주로 선진국 군대만의 전유물專有物로 여겨졌던 콘셉트 디자인Concept Design을 통하여 우리의 독창적인 전장 아키텍쳐를 구상하는 수준의 군사 전문성軍事專門性을 확보하게 된다. 이러한 능력들이 축적되면서 절차를 발전시켜 나간다면 미래 전투 발전 소요未來戰鬪發展所要도 지금보다 훨씬 더 명확하게 될 것이기 때문에 국방비의 효율적인 배분도 가능해지는 선순환의 국방 관리 체제國防管理體制를 구축하게 될 것이다.

지략이 떠오르는 그런 단계에 진입할 때 느끼는 희열喜悅이 선승들이 말씀하시는 법열法悅과 같을런지는 아직도 그만한 수준에 이르지 못해 나는 모른다. 추측하건대 비슷한 경지境地가 아닐까 상상하며 우리 군대에도 그런 경지에 도달한 제2, 제3의 손자와 클라우제비츠가 가급적 빨리 나오기를 진심으로 기원한다.

지략으로 강대국을 상대한 제갈량

    동양에서 지략가智略家하면 가장 먼저 떠오르는 인물이《삼국지》에 등장하는 촉蜀나라의 승상 제갈량諸葛亮이다. 나관중이 쓴 소설《삼국지연의》에 의하여 제갈공명이 '호풍환우(呼風喚雨, 바람과 비를 불러 내리게 한다)'의 신神과 같은 존재로 과장된 측면이 많아서 정사正史와 다른 점이 많은 것은 사실이다. 그렇지만 지금까지도 머리를 써서 상대를 이기는 사람을 일러 '공명의 화신化身'이라고 부르고 있는 것을 보면 그가 지략으로 최고봉最高峰에 오른 인물로 인식되고 있음은 분명하다.

    유비의 책사策士로 가장 소국小國인 촉이 남南의 손권과 북北의 조조로부터 어떻게 천하를 도모圖謀할 수 있는지를 입안한 '천하삼분

지계天下三分之計'는 요즘의 정치권에서도 심심치 않게 인용되는 책략策略이다. 또한, 오나라 손권과의 동맹을 통해 적벽대전赤壁大戰에서 가장 막강한 조조를 상내도 대승 을 거둔 것은 정세를 보는 지략가智略家로서의 공명의 능력을 평가할 수 있는 대목이다. 다만, 적벽대전 전前에 공명이 계략을 써서 조조로부터 화살 10만 개를 얻었고, 마지막에는 동남풍東南風을 불게 하여 조조의 연환계連環計를 깼다는 것은 소설적 상상력으로 이해함이 맞으나, 무릇 지략이란 지형地形과 기상氣象까지도 꿰뚫어보는 것이어야 한다는 원칙에 입각해서 보면 소설에 등장한 제갈량이야말로 지략가로서의 면모面貌를 확실히 가지고 있음을 인정해야 한다.

아마 지략가로서 제갈량을 가장 잘 표현한 것은 우리가 잘 아는 "죽은 공명이 산 중달을 달아나게 했다"라는 말일 것이다. 이는 나관중의 《삼국지연의》 제104회에 나오는 이야기로 공명이 허허실실虛虛實實의 계計로 사마의를 달아나게 했다는 것인데 제갈량을 무불통지無不通知한 인물로 묘사한 나관중의 소설적 허구虛構라고 보는 것이 맞겠다.

축적 지향의 군을
만들자

　군이 가지고 있는 후진적 문화後進的 文化 가운데 가장 먼저 버려야 할 것 중의 하나가 지휘관 지시 중심의 업무를 함으로써 업무의 연속성連續性이 없다는 것이다. 그전의 지휘관이 나름대로 심혈心血을 기울여 발전시킨 사항들이 다음 지휘관에 의하여 부정되고, 새로운 지휘관의 지시가 다른 것에 우선優先하여 추진되는 일들이 너무나 쉽게 목격되곤 했다. 그러한 문화가 우리 군을 늘 바쁘게 만들었고, 일을 통한 성취감을 못 가지게 만드는 원인이었다고 본다.

　나는 여기에 한 가지 폐단弊端을 더하고 싶다. 그러한 문화가 축적 지향蓄積 指向의 군대를 만들지 못하게 하였다는 것이 나의 주장이다. 늘 새롭게 시작하니 지금까지 가지고 있었던 지식이나 노하우는 전혀 쓸모가 없는 것으로 되어버려서 지식이 축적될 여지가 없어지는 게 문제라는 것이다. 과거에는 가능하였는지 모르지만, 현대의 군이라는 집단은 어느 한 개인의 뛰어난 역량으로 이끌어가기에는 너무 복잡하고 크다. 그런데 우리는 지휘관의 개인기個人技에 의존하여 부대를 운영하기 때문에 집단의 지식이 축적되지도, 전달되지도 않는 비효율성에 빠져 있다. 지금까지 인류가 발전시켜온 모든 창조적 활동들은 어느 날 갑자기 튀어나온 것이 아니라 사소하고 지속적인 일련의 변화가 서서히 축적되는 과정에서 탄생한 것임을 절대로 간과看過해서는 안 된다. "10번 찍어 안 넘어가는 나무 없다"는 말에서 우리가 배워야 할 것은 나무를 쓰러뜨린 10번째의 도끼질에 초점焦點을 둘 게 아니라 그 이전以前에 휘두른 9번의 도끼질을 평가해야 한다는 것이다.

전시작전권戰時作戰權 전환에 대한 문제가 많은 사람의 관심을 끌고 있다. 북한이 핵·미사일로 우리를 위협하는 상황에서 한·미연합 방위태세를 약화시킬 우려가 큰 전작권을 당장 가져올 필요가 없다는 의견과 주권 자주국가主權 自主國家인 대한민국이 자기 주도의 국가방위를 하기 위해서는 하루라도 빨리 전작권을 전환轉換해오는 것이 당연한 것이라는 의견이 팽팽히 맞서고 있다. 두 의견 모두 응당한 부분이 있다. 전작권을 우리 군 주도主導로 행사하기 위해서라도 시급히 필요한 것이 바로 축적 지향의 군대로 변화하는 것이다. 전작권의 전환은 우리 주도로 한반도 전구 작전계획戰區 作戰計劃을 수립함을 의미하며, 한국군 대장이 미래 연합사령관으로서 미군 부사령관을 지휘하여 한·미 연합전력韓美 聯合戰力을 운용함을 뜻한다.

말은 간단한데 그 임무를 제대로 수행하기 위해서는 어마어마한 수준의 군사적 전문 지식이 요구된다. 내가 지적하고자 하는 바는 어느 한 개인의 지식만을 의미하는 것이 아니라 우리 군대 전체가 가져야 할 총합적 지식總合的 知識을 말하는 것이다. 전구 수준에서 연합작전을 기획하고 수행하는 데 필요한 그 많은 지식을 우리 군이 축적하고 있는가? 라는 질문에 지금 당장 "예!"라고 답할 수 없다는 게 우리의 현주소現住所다. 이러한 사항들은 전작권 전환 단계에서 미국 측이 분명히 문제를 제기할 것이고 우리 운용 능력을 빌미로 어느 부분에서는 우리의 통제권統制權 밖에서 자기들의 전력을 독자적으로 운용하려는 시도를 할지도 모른다. 이런 난감한 문제를 해결하는 가장 좋으며 유일한 방법은 우리 군 전체가 하루라도 빨리 쉼 없이 지식을 축적하여 우리의 능력을 확충擴充하는 길밖에 없다. 그것도 머지않은 장래에 전작권을 전환받으려 노력하는 우리 입장에서는 다른 어떤 것에 우선하여 시급히 추진하지 않으면 안 되는 사안事案이라고 믿는다.

평화를 만드는 것은 평화적인
태도가 아니라 군사적 힘의 균형이다.
— 한스 모겐소

인품人品

사람의 품격이나 됨됨이

사람을 향하는 따뜻한 시선

군대는 가장 대표적인 피라미드 구조이기 때문에 지금의 계급에서 다음 계급으로 진출進出하는 것이 태생적으로 어려울 수밖에 없다. 그러한 어려움은 단기장교로 임관任官한 장교들이 장기長期로 선발되는 것에서부터 시작된다. 인재들이 많이 몰리다 보니 경쟁도 매우 치열하다. 군이 존재하는 한 이러한 경쟁은 지속될 수밖에 없을 것이다. 제대하는 군인에 대해 처우處遇를 개선하고 재취업의 문을 확대함으로써 군을 떠난 사람들이 사회에 쉽게 적응토록 하는 제도적인 보완을 하여 진급에 대한 필요 이상의 경쟁을 줄여주는 것이 그나마 좋은 해결책이 되겠지만, 피라미드 구조를 깨지 않는 한 진급 경쟁은 지속될 것이다.

사정이 이렇다 보니 매년 진급 발표 날이 오면 진급 선발된 후배들에게 축하 문자 보내는 것보다 비선非先된 후배들에게 격려의 문자를 보내는 횟수가 더 많다. 비선된 후배들에게 그리고 더 이상 진급을 바라볼 수 없는 차수次數의 친구들에게 보내는 문자에 적었던 내용을 소개한다.

> 진급이 군 생활의 목표가 되지 말고
> 군인으로서 국가와 국민에 충성하는 삶을
> 매일매일 최선을 다해 살아왔으므로
> 그러한 자신의 군 생활에 긍지와 자부심을
> 가져주길 부탁합니다.
> 새로운 곳에서 다른 방법으로 국가와 국민에
> 헌신하는 삶을 살 수 있길 간절히 기도합니다.

〈행복은 성적순成績順이 아니잖아요!〉 오래된 영화지만 아마도 이 제목을 기억하는 이들이 많으리라고 생각한다. 우리는 너무나 많은 순간 공부를 잘하면, 또는 계급이 높아져서 군대에서 최소한의 성공 조건이라고 여겨지는 대령을 달게 되거나, 더 나아가 장군이 되면 성공했다고 하고 행복할 것이라고 착각하며 산다. 나는 절대 높은 계급이 행복의 필요조건必要條件이라고 생각하지 않는다. 프롤로그에서 안나 카레니나의 행복한 가정에 비견比肩하여 성공적인 군인의 삶을 언급한 바와 같이 행복은 계급고하階級高下에 관계없이 누릴 수 있다고 확신한다. 다만 계급이 올라가면 올라갈수록 경험할 수 있는 다양한 분야의 여러 기능이 있다는 점에서 그리고 그 과정에서 좀 더 안정적인 경제적 혜택을 받을 수 있는 것은 사실이니까 그러한 위치까지 올라가고 싶은 사람이 있다면 다음의 이야기를 집중해서 들어주기 바란다.

성공적인 군인의 삶을 사는 데 있어 가장 중요한 덕목德目을 하나만 꼽으라면 무엇일까? 성공한 리더가 되기 위해서 필요한 요소는 앞에서 언급한 여러 가지가 있을 수 있지만 가장 중요한 한 가지는 단연 인간으로서의 품격品格이라고 생각한다.

인품이 모든 것이다

맥아더 장군은 자신의 회고록回顧錄에서 "퍼싱 장군의 명성은 그의 개인적인 인품에 기반을 둔 바가 크다"고 말했다. 아이젠하워 장군의 아들인 존 아이젠하워는 대학 진학과 평생 진로를 놓고 고심하던 중 웨스트포인트 육군사관학교를 선택했으며, "왜 그렇게 했느냐?"는 부친의 질문에 부친에게서 들은 군 생활의 만족감, 그리고 인격을 갖춘 인물들과 함께 일하는 자부심自負心 때문이라고 답했다.

우리 군에서 장교들을 평가하는 핵심적 요소는 능력과 자질 및 품성이다. 여기서 말하는 자질과 품성은 '인품人品'이라는 말을 평가하기에 용이한 요소로 나누어서 붙인 것에 불과하다. 동양의 전통적 장수傳統的 將帥가 갖추어야 할 상像은 《손자병법》에 잘 나와 있다. 손자는 장수의 도道를 '지신인용엄智信仁勇嚴'이라고 했는데 도라는 것 자체가 인품이며 그 구성 요소를 5가지로 든 것이다. 육군사관학교의 교훈校訓인 '지인용智仁勇'도 군의 리더가 갖추어야 할 인품을 나타내고 있다. 서양도 마찬가지다. 서양 장교단의 원형原形이라고 할 수 있는 기사도 정신騎士道精神의 핵심은 '명예, 용기, 성실, 예의, 경건'으로 요약할 수 있는데 이 또한 인품의 덕목이라고 할 수 있다. 미국 육군사관학교 웨스트포인트의 교훈은 'Duty(책임), Honor(명예), Country(조국)'이다. 결국, 동서양을 막론莫論하고 개인의 지적 능력이나 소통 능력 같은 요소보다는 인간으로서 갖춰야 할 품성品性을 우선시하고 있음을 알 수 있다.

여기에는 타당妥當한 몇 가지 이유가 있다고 생각한다. 첫째는 군인 특히 지휘관은 엄청난 권한과 능력을 가지고 있는 사람들인데 이 권한과 능력을 언제, 어느 곳에, 어떻게 사용할지를 결정할 때에 그 결심은 그가 가지고 있는 인품에 바탕을 두고 있기 때문이다. 둘째, 지휘관은 기본적으로 부하들을 움직여 조직의 목표를 달성하는 사람인데 부하들의 자발적 복종과 참여를 이끌어내는 것은 강압적인 명령이나 지시보다는 지휘관에 대한 신뢰와 존경이며, 이러한 신뢰와 존경을 만들어내는 원천源泉은 지휘관의 인간적 됨됨이, 즉 인품이기 때문이다.

미국인들이 역사상 가장 존경하는 군인으로 주저 없이 꼽는 인물이 남북전쟁南北戰爭 당시 남군의 총사령관인 로버트 리 장군이다. 남북전쟁을 승리로 이끈 북군의 그랜트 장군보다 패장敗將이라는 명예를 써야 했던 리 장군이 더 존경을 받는 이유는 그가 가지고 있던 인간으로서의 탁월한 품격 때문이다. 리 장군의 인품을 보여주는 일화는 남북전쟁 후에 그가 버지니아주州 렉싱턴에 있는 워싱턴대학교의 총장직보다 훨씬 높은 연봉을 받는 자리를 제안받았을 때 거절 의사를 밝힌 편지에 잘 나타나 있다.

> 진심으로 감사드립니다만, 저에게는 스스로 완수해야만 한다고 결심한 일이 있습니다. 저는 남부의 젊은이들을 전쟁터로 이끌었으며 많은 젊은이가 전쟁터에서 죽어가는 모습을 지켜봤습니다. 저는 제 남은 힘을 젊은이들이 이생의 사명을 다할 수 있도록 교육하는 일에 진력할까 합니다.

"화향백리 주향천리 인향만리花香百里 酒香千里 人香萬里, 꽃의 향기는 백 리밖에 못가고 잘 익은 술의 향기도 천 리를 넘지 못하지만 사람의 향기는 만 리를 간다"는 말이 있다. 인품이 고매한 사람은 가만히 있어도 저절로 향기가 난다고 한다. 그런데 그 향기를 모든 사람이 다 맡는 건 아니고 같은 수준의 사람만이 그것을 느끼는 모양이다. 고수高手는 고수를 알아본다고 할까? 법정 스님과 김수환 추기경樞機卿은 두 사람이 믿는 종교를 떠나 서로의 인품에 반하여 깊은 우애友愛를 나눈 사이로 유명하다.

아랫사람을 대하는 태도에서 그 사람이 가지고 있는 인품의 크기를 잴 수 있다고 한다. 식당에서 종업원을 대하는 태도를 보면 그 사람의 됨됨이를 측량測量할 수 있다는 말도 있으니 인품은 자기보다 못한 사람들을 어떤 시선視線으로 대하느냐에 따른 평가라고 봄이 타당할 것 같다. 군인은 기본적으로 부하를 이끄는 사람이다. 지위가 높이 올라갈수록 권한이 많아지고 부하들이 많아지게 되어 있다. 따라서 계급이 올라가면 올라갈수록 훌륭한 인품이 필요하다. 인품이 덜된 간부는 군에서 크게 되어서는 절대 안 된다. 인품의 핵심은 부하의 마음을 어떻게 움직이는가에 달려 있다고 해도 과언이 아니다. 부하들은 어떤 상관에게 마음이 움직일까? 사람마다 답하는 바가 다르겠지만 나는 부하를 바라보는 상관의 시선이 가장 중요한 요소라고 생각한다. 부하를 어떤 마음으로 대하는가에 따라 그들의 마음이 열리기도 하고 닫히기도 한다. 부하들에게는 봄의 따뜻한 바람처럼, 자기에게는 가을의 차가운 서리와 같이 대해야 하는데(對人春風 自己秋霜, 대인춘풍 자기추상) 많은 사람이 그와는 반대로 처신하는 경향이 있어 안타깝다. 또한, 부하란 자기가 해야 할 일을 대신해주는 고마운 존재로 생각하지 않고 자신의 부속물附屬物인 것으로 착각하여 부하의 인권을 무시하는 상급자는 절대로 부하의 마음을 얻을 수 없다.

군복軍服을 벗고 난 지금에 돌이켜보아도 내가 초급장교 때에 들었던 선배님들의 고언이 군 생활 전체를 관통貫通하는 명쾌한 지혜였던 것 같다.

> 초급장교 시절에는 체력이 좋아야 하고, 영관장교 때에는 똑똑하다는 말을 들어야 하며, 장군이 되어서는 사람이 됐다는 평가를 받아야 한다.

결국 인품이 모든 것을 결정짓는다는 것을 강조하기 위하여 초급 장교의 체력體力과 영관장교의 지력知力을 앞에 기술한 것으로 이해함이 타당하다 하겠다.

인품, 가장 강한 힘

　나의 군 생활 전반을 돌이켜볼 때 나를 가장 성장하게 하였던 시기는 진해에 있던 육군대학에서 전술학 교관을 하던 때였다고 생각한다. 교관이 되기 위해서 자격심사資格審査를 준비하면서 군사학 이론軍事學 理論에 대해 깊은 공부를 할 수 있었던 것과 교관이 된 이후에는 뛰어난 학생 장교들을 가르치면서 더 많이 배웠던 것으로 추억된다. 진해 육대의 후문을 따라 산으로 20여 분을 오르면 깊은 계곡에 청류淸流가 흐르고 한 채의 정자亭子가 지어져 있는데 '도불장道佛壯'이라는 현판懸板을 달고 있었고, 글쓴이는 육대 총장을 역임歷任하셨던 이종찬 장군으로 되어 있었다. 육군참모총장을 하시던 분이 정치적인 문제로 이승만 대통령에게 밉보여서 한직閑職인 육대 총장으로 쫓겨난 것이라는 정도만 알고 있었던 나는 이종찬 장군에 대한 호기심이 생겨 강성재 기자가 쓴《참군인 이종찬 장군》을 읽게 되었고 그의 인품을 존경하게 되었다.

우리가 참군인의 표상表象으로 여기는 이종찬 장군은 친일파親日派 중의 친일파 집안에서 태어난 친일의 후손後孫이다. 그의 할아버지는 대한제국의 외무대신과 법무대신을 지내며 일제와의 합방을 주도한 을사오적乙巳五賊의 한 명인 이하영으로 일제로부터 1등 자작子爵의 작위를 받았으며, 아버지 이규원도 대표적인 친일파 인사였다. 집안이 이러다 보니 이종찬도 자연스럽게 친일파의 길을 걷게 되었는데, 일본 육군사관학교를 졸업하고 중일전쟁과 태평양전쟁에서 혁혁한 전공戰功을 세워 승승장구하였으며 일제가 패망했을 때의 계급은 일본군 소좌少佐였다.

그러나 그는 다른 사람과 달리 부친의 사후에 세습하도록 되어있던 일본 작위를 습작襲爵하지 않았으며 창씨개명創氏改名도 하지 않았던 것에 유념할 필요가 있으며, 해방解放 후에는 일제 치하에서 친일파로 활동한 것에 대한 참회懺悔의 의미로 3년간 근신謹愼의 시간을 보내며 초야에 묻혀 살았던 올곧은 인물이었다. 초대 국방장관을 지낸 광복군의 대표적 인물 철기鐵驥 이범석 장군이 그의 인품과 능력을 높이 사서 국방차관 또는 육군참모총장으로 기용起用할 뜻을 비쳤지만 거절한 것으로도 알려졌다. 결국, 이승만 대통령까지 나서서 영입을 요청하자 1949년에 대령으로 임관任官하게 되었으며 6·25전쟁을 거치며 전투에 능한 지휘관으로서의 역량을 보이면서

한편으로는 무고한 민간인과 전쟁포로의 학살虐殺을 막는 등 인도
주의 정신人道主義精神을 실천한 장군으로도 유명하였다.

전쟁 중인 1951년 6월에 소장으로 진급되어 6대 육군참모총장으
로 영전榮轉한 장군은 이듬해 정치적으로 매우 곤란한 상황에 직면
直面하게 되었다. 이승만 정권이 5월에 저지른 부산 정치 파동釜山 政
治 波動*이 발생하면서 경상남도와 전라남도 지역에는 계엄령이 선포
되었고 대통령이 당시 계엄사령관戒嚴司令官이던 이종찬 참모총장에
게 군 병력을 동원動員할 것을 명령하였지만, 이 장군은 이에 불응하
고 오히려 장병들에게 "군의 정치적 중립을 지키라"는 명령을 하달
하니 이것이 '육군 장병에게 고告함'이라는 훈령 217호이다. 대통령
의 지시를 어긴 장군은 7월에 참모총장 직위에서 해임解任되었으며
국내에 두는 것도 불안하다는 이유로 미국 육군대학으로 유학을
가는 치욕恥辱을 당했고, 귀국한 1953년에는 육군대학 총장으로 부
임하여 무려 7년간 재직하는 전무후무한 인사상 불이익人事上 不利益
을 받았다. 이때 그가 마음을 삭이며 지낸 곳이 앞에서 말한 도불장
이다.

후배 장군들은 모두 이 장군의 고매한 인품을 존경하여 그를 중
심으로 한 쿠데타를 여러 번 종용慫慂하였지만 그는 늘 군의 정치적
중립을 이유로 반대하였다고 한다. 4·19혁명이 일어나서 이승만 대
통령이 하야下野하자 그는 허정이 이끌던 과도내각過渡內閣의 국방장

---

* 1952년 5월 26일에 임시국회로 출근하던 국회의원들을 통근버스에 탄 상태로 연행한
사건이다.

관으로 임명되어 민정이양民政移讓에 차질이 없도록 군을 장악하였으니 허정은 장면 총리總理에게 정권을 넘겨주면서 다른 건 몰라도 이종찬 장군만은 국방장관에 앉히라고 신신당부했다고 한다. 이종찬 장군의 성품과 인품이 너무 훌륭하여 군에서는 그 누구도 대적하지 못하는 으뜸이 되고 추앙推仰을 받던 군인이었기 때문이라는 점을 이유로 들었다고 한다.

이종찬 장군은 광복군들도 흠모欽慕했을 뿐만 아니라 모든 정치인과 장병, 그리고 국민이 흠모하였던 인물이었다. 무엇이 그렇게 만들었을까? 곰곰이 생각해보면 그가 행동으로 실천한 소신과 강직剛直함, 도덕적으로 청렴淸廉함, 박학다식博學多識함, 사람을 보는 따뜻한 마음 등 그의 고매한 인품이 답이 아닐까 한다.

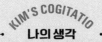
나는 아직
멀었다!

인품人品을 주제로 감히 나의 사례를 기술할 정도의 인품을 내가 가지고 있지 않다고 생각하여 이 페이지는 의도적意圖的인 공란空欄으로 하였습니다.

<hr />

Character is everything.

— 퍼이어

끝이 아닌 누군가의
시작이길 바라며…

이 글을 쓰고 있는 지금도 많은 생각이 머리를 스쳐 간다. 군을 위한 일이라고 자위自慰하면서 글을 쓰기는 하였지만, 군과 후배들을 위한 올바른 제언提言을 하였는지 걱정스러운 바가 적지 않다. 41년 가까이 군복을 입고 생활하면서 보고 느끼고 생각하고 행했던 주요한 일들을 정리할 수 있었던 것은 개인적으로 큰 보람이었지만 이것이 책으로 발간된다는 데 생각이 이르면 부끄러움을 금할 길이 없다. 책에는 군 생활의 끝을 가본 사람으로서 생각하였던 것들을 적었지만 이 책이 끝이 아니라 누군가의 시작을 위한 출발 신호出發信號였으면 좋겠다는 생각을 한다.

이제 책의 마지막에 부분에서 후배들을 위한 고언苦言을 추가하며 마무리하고자 한다.

전역사를 쓰고 근무하자

나는 오랜 기간 후배들에게 "전역사轉役辭를 미리 써놓고 근무하면 좋겠다"는 말을 하여왔다. 군복을 입고 있는 우리는 언젠가 군문軍門을 떠날 운명을 처음부터 타고났다. 떠나는 순간이 언제인지를 우리가 결정할 수는 없지만 떠나는 순간이 어때야 할지는 우리가 만들 수 있다. 그래서 나는 그 순간이 바로 내일이라 하더라도 명예롭게 떠날 수 있는 준비를 해야 한다고 믿었다. 그 준비는 바로 전역사를 미리 써놓는 것이다. 물론 써놓은 전역사가 계속 유효有效할리는 만무하다. 그러므로 자기의 군 생활을 돌아보면서 시시때때로 전역사를 수정하고 보완補完하는 일을 군 생활 전체에 걸쳐 해야 한다. 초급장교로서 느끼고 썼던 전역사와 영관장교 더 나아가 장군으로서 쓴 전역사는 모든 면에서 다를 것이기 때문이다.

전역사를 미리 써놓으면 좋은 면이 많다. 첫째는 자기의 사생관死生觀이 명확해진다. 민간인이 유서遺書를 미리 쓰고 산다면 인생에 대한 그의 생각을 쉽게 추측할 수 있는 것처럼 죽음을 어깨 위에 늘 얹고 살아야 하는 군인이 전역사를 미리 써놓는다면 어떠한 위기 상황 속에서도 의연하게 행동할 수 있게 된다. 둘째는 목표가 분명해지고 성찰省察하는 삶을 살게 한다. 전역사를 미리 쓰다 보면 거기에 비추어 자기가 걸어온 길을 반성하게 되고, 앞으로 걸어가야 할 길을 명료明瞭하게 그려볼 수 있다. 인간은 꿈을 꾸는 유일한 동물이라는데 전역사를 쓰면 자기의 꿈이 무엇인지를 명확하게 설정할 수 있으며 설정된 목표에 집중하는 삶을 사는 데 매우 유리하며 앞으로 걸어야 할 군인의 길을 예측할 수 있게 한다. 전역사는 분명히 전역식장轉役式場에서 자기의 입으로 읽을 터인데, 모든 사실을 다 알고 있는 많은 사람 앞에서 거짓된 자기 이야기를 할 정도의 만용蠻勇을 부리는 자가 있겠는가? 그러니 전역사를 쓰게 되면 자신의 말에 대한 신뢰를 높이기 위해서라도 열심히 군 생활을 잘하게 될 것이다. 누군가가 말한 것처럼 "천당에 갈 자신은 없지만 적어도 지옥에 가라면 심히 섭섭할 정도로 살았다"는 것을 행동으로 보여야 여러분의 전역사는 뜨거운 박수로 마무리될 것이다.

'전역사 미리 쓰기'는 나의 경험을 통해 입증立證된 사례이니 여러분도 시도해볼 것을 적극 권한다. 아래의 글은 이 책의 맨 처음에서 이미 인용引用하였던 내가 미리 써놓았던 전역사의 전문全文이다.

전역사

40년 하고 6개월 11일, 날수로 세어보니 1만 4,803일이 지났지만 지금도 뚜렷하게 기억합니다.
난생처음 입었던 전투복 바지에 왼발을 먼저 집어넣으라고 하는 기훈 분대장님의 금속성 같은 음성에 몹시 당황하였던 앳된 청년 김영식의 모습이.

지금도 들립니다.

대지를 집어삼킬 듯 태릉골을 울리던 어린 사자들의 포
효 소리,
단조롭지만 듣고 있노라면 가슴을 뛰게 하던 발맞추는
군화 발자국 소리,
음정과 박자에 무관하게 목에 핏대를 세우며 부르던 군
가 소리,
고단한 하루를 마치고 오늘도 이겨냈음에 감사하며 듣
던 취침나팔 소리.
그 소리 속에서 저는 점점 군인이 되어갔습니다.

오디세우스가 고향으로 가는 뱃길에서 사이렌의 유혹
과 스킬라의 공격을 피할 수 없었듯이,
저도 집으로 돌아가는 길에 오르는 오늘에 이를 때까지
참으로 많은 실패와 고난을 피할 수 없었습니다.
특히, 제 부덕의 소치로 유명을 달리했던 젊은 영웅들은
제 가슴에 화인으로 남아 있습니다.

열정은 높았으나 아는 바가 부족하여 부하들을 힘들게
하였던 위관 시절과,
아는 것은 제법 늘었지만 자만과 아집으로 주변 사람들
을 어렵게 하였던 영관을 지나

꿈에 그리던 장군의 반열에까지 올랐지만,

저는 늘 부족하고 못난 군인이었음을 고백합니다.

그런 사람에게 군의 최고 계급을 허락하시고 야전군을 지휘하게 하여주신 하느님과 조국 대한민국에 감사합니다.

낳아주시고, 천주교의 신앙 속에서 참사랑으로 키워주신 부모님, 형님과 누님들께 진심으로 감사드립니다.

모자란 저를 가르치시며 속을 태우셨던 존경하는 멘토분들께 머리 숙여 감사드립니다.

벗의 모습을 자랑스러워하던 중학교, 고등학교, 육사 친구들에게도 감사합니다.

소대장 때부터 야전군 사령관으로 복무하는 동안 저와 함께 동고동락했던 모든 전우들에게 최고의 예의로 감사를 표합니다.

먼 이국땅에서 어깨를 나란히 하며 한반도 전구를 지켜낸 미군 전우들에게 감사합니다.

이 밖에 알아내지 못한, 시간 관계로 언급하지 못한 크고 작은 인연에도 깊이 감사드립니다.

제가 이룬 몇 조각의 성공이 있다면 그것은 오로지 여러분이 만드신 것입니다.

사랑하는 통일대 장병 여러분,

한 마리의 유령이 한반도 주위를 어슬렁거리며 배회하고 있습니다. 그 유령은 양손에 핵과 미사일을 들고 입으로는 온갖 협박을 늘어놓으며 우리를 시험하고 있습니다. 어느 때는 소형 무인기의 모습으로, 어느 때는 목함지뢰로 변신하는 이 유령과 싸워 이기는 군을 만들고 유지하는 것이 우리의 소명입니다. 자유자재로 변하는 유령을 잡으려면 우리는 더 창의적으로 전투력을 운용할 줄 아는 군사전문가가 되어야 합니다. 독립적 주체답게 생각하는 군인, 전승을 위해 학습하는 조직으로 군을 변화시킴으로써 사령관이 여러분에게 늘 당부하였던 '내가 꿈꾸는 군대'를 만들어 나가야 한다고 굳게 믿습니다.

또한 "나는 왜 군인의 길을 걷는가?"를 매일 되뇌이며, 군의 존재 가치를 증명하는 군인다운 군인, 군대다운 군대를 만들어가야 합니다. 떠나면서도 이 점만은 꼭 당부하고 싶습니다.

저는 행복한 군인이었습니다.

못난 군인이었지만 어느 자리에서든 부하의 존경과 상급자의 사랑을 듬뿍 받아 행복했습니다.

젊은 시절, 유럽 및 미국의 군대 문화와 선진 문물을 접하며 저를 가다듬을 수 있어서 행복했습니다.

34번의 이사 덕분에 방방곡곡을 두루 다녀보았던 것도 큰 행복이었습니다.

계급이 높아짐에 따라 부하들에게 해줄 것이 많아지던 것이 저를 행복하게 하였습니다.

국가의 녹을 받아 저의 가정을 이만큼 이루었으니 행복합니다.

능력이 부족함에도 군 생활을 가장 오래 한 37기 중 한 명으로, 오늘 명예롭게 전역하니 진정 행복합니다.

이제 한 명의 자연인으로 돌아가면서 가장 감사할 사람들에게 그동안 하지 못했던 말을 전하고 싶습니다.

고집불통이자, 자기가 하고 싶은 바를 못하면 씩씩거리며 성질을 부리던 저를, 그래도 남편이라고 생각하며 모든 어려움을 함께한 사랑하는 아내 황미애 여사에게 감사합니다.

짐을 싸고 풀기를 서른네 번 하였으니 결혼 초의 원더우먼 같던 체력과 건강이 이젠 종합병동이라 불릴 처지가 된 것에는 제 책임이 큽니다. 그래도 미모는 여전하니 다행이긴 합니다.

두 아들에게는 미안함이 더 큽니다. 남자는 강하게 자라야 한다고 우기며 제 마음대로 키우려 했던 것과 마음만큼 잘해주지 못했던 것들에 대해 미안함을 전합니다. 그럼에도 불구하고 잘 자라서 자기의 역할을 하고 있으니 제가 이룬 몇 조각의 성공 중에는 가장 큰 성공이라고 생각합니다. 고맙고 감사한 일입니다.

사랑하는 군문을 떠나면서 할 전역사는 형식에 구애됨 없이 솔직한 감정을 표현하겠다는 것이 저의 오랜 결심이었습니다. 한참 전에 구상하였거나 미리 써두었던 것들을 정리하여 오늘 말씀드렸습니다. 인내심을 갖고 들어주셔서 고맙습니다.

마지막으로 정말 하고 싶은 한 마디가 있습니다.
"그래 김영식, 이 정도면 잘해왔다. 수고 많았다!"

안녕히 계십시오. 감사합니다.

전역사에서 하고 싶은 말을 모두 한 것은 아니지만 절제節制된 표현 속에서도 나의 생각을 충분히 전했다고 생각한다.

전역사를 이야기하는 김에 한 가지를 더 말해야 하겠다. 묘비명墓碑銘에 관한 나의 생각이다. 살날이 많은 사람에게 죽은 후에나 필요한 묘비명을 미리 생각해두란다고 기분 나빠하지 말기를 바란다. 전역사를 미리 쓰고 군 생활을 하라고 권하는 것과 같은 맥락脈絡에서 '묘비명을 미리 생각하고 인생을 살자'는 것이다. 묘비명하면 가장 먼저 생각나는 게 버나드 쇼가 쓴 재치 넘치는 글일 텐데 국내 모 기업에서 광고에 활용하여 유명해진 덕분으로 생각한다.

"우물쭈물하다가 내 이럴 줄 알았지!"로 알려진 버나드 쇼 묘비명의 영어 원문은 "I knew if I stayed around long enough, something like this would happen"인데 카피를 위해 쇼의 위트 어린 인생이 떠오르도록 조금 비틀어서 표현한 것이 제대로 적중하여 더 그럴듯하게 인식된 것으로 보인다. 정확하게 해석하면 "내가 꽤 이 세상에 머물기는 했지만 이 같은 일(죽음)이 결국에 닥칠 것이라는 건 알고 있었다"라고 하겠다. 94세까지 살았다는 점을 본다면 풍자諷刺나 위트로 쓴 것이 아닌데 위트를 살리려 일부러 그런 카피를 만들었다고 생각한다.

나의 묘비명을 무엇으로 할 것인가를 오랜 기간 고민하다가 몇 해 전에야 비로소 정했다. 사람의 마음이 간사奸詐하여 언제 바뀔지는 예측할 수 없지만, 지금까지 고민한 바를 생각하면 이대로 갈 것

'병사 묻고, 사령관 답하다'를 통해 병사들과 소통의 시간을 보내다.

같기도 하다. 그런데 묘비명을 정하게 된 배경이 자못 흥미롭다. 나는 군단장 시절부터 1년의 업무가 마무리되는 12월에 간부들은 배제한 채 병사들과 이야기하는 소통의 시간을 가지곤 하였는데, 야전군 사령관 시절에는 '병사 묻고, 사령관 답하다'라는 타이틀로 실시하였다. 그날 어느 병사가 나에게 "사령관님의 묘비명은 무엇입니까?"라고 물었다. 사실 그때까지는 확실한 묘비명을 정하지 못하고 있어서 즉시 대답을 못 하고 당황하다가 그동안 수집하여 알고 있던 묘비명—뒤에 소개하는 것들이 그것이다—몇 개를 대면서 위기를 모면한 적이 있었는데 그러면서 나의 묘비명을 빨리 정해야겠다는 결심을 굳혔다.

그리하여 내가 정한 나의 묘비명은 "너는 어디에 있었느냐?"이다. 이 말은 구약성경 창세기創世記 3장 9절에 나오는 하느님의 목소리 "아담아, 너는 어디에 있느냐?"에서 가져왔다. 죄를 지은 아담이 하느님이 두려워 숨었던 그런 일이 내 인생에서는 생기지 말았으면 좋겠다는 뜻과 군인으로, 인간으로 나를 필요로 한 곳에서 있어왔는지를 늘 반성하며 살자는 의미로 정한 것이다. 앞에서 말한 바처럼 묘비명을 정하기 위해서 버나드 쇼를 비롯하여 유명한 사람들의 묘비명을 찾아본 경험이 있는데 여러분의 묘비명을 만들 때 참고하라고 서비스로 제공한다.

꽃이 자랄 만한 곳에 잡초를 뽑고, 그곳에 한 송이 꽃을 심었던 사람!(링컨)

여기, 자기보다 현명한 사람을 모아 꿈을 이룬 사람이 잠들

사령관 주관 북 콘서트에서 질문하는 슈퍼주니어 멤버인 은혁. 연예인이기에 앞서 훌륭한 군인이었고
청년이다.

다.(카네기)

여기 한평생 실패만 거듭했으나, 한 번도 용기를 잃어본 적이 없는 사람이 잠들다.(세르반테스)

나는 이제 자유다.(카잔차키스)

마침내 나는 더 이상 어리석어지지 않는다.(폴 에르되시)

여기 두 번 행복했던 여자가 누워있다. 그녀는 행복했고 그리고 그것을 알았다.(어느 평범한 영국 여자)

나는 가장 마지막에 소개한 평범한 영국 여자의 묘비명이 마음에 든다. 누구나 자기의 삶을 자기가 주인이 되어 평가할 수 있다는 것을 보여주기 때문이다.

여러분의 묘비명은 무엇으로 정했으며, 아직까지 정하지 못했다면 무엇으로 할 것인가?

내가 꿈꾸는 군대를 그리며…

고등학교 시절에 영어를 공부하는 데 가장 좋은 참고서는 성문종합영어였다. 그 책에는 주옥珠玉같은 명문장이 많이 소개되어 어린 마음에 몇 개의 명문장을 외워서 은근히 자랑하곤 하였었다. 그중에서도 나의 기억 속에 지금까지 가장 크게 자리를 잡고 있었던 것은 마틴 루터 킹 목사의 명연설인 〈I have a dream〉이다. 길지 않은 문장 구조文章構造에다 비슷한 표현이 반복되면서도 꿈과 희망을 노

보국훈장 통일장을 패용佩用하고 전역사를 하는 김영식 대장

래하는 것이 퍽 감동적이었기 때문일 게다. 그 영향인지 모르겠지만 사단장 취임을 앞두고 하조대 휴양소에서 쓴 사단장 취임사就任辭는 킹 목사의 연설을 많이 참고하였다. "나에게는 꿈이 있습니다. 그런데 그 꿈은 사단장 혼자의 힘으로 이루어질 수 없기 때문에…" 이렇게 썼던 취임사를 근간根幹으로 하여 5군단장으로 재직하면서 다듬은 글이 〈내가 꿈꾸는 군대〉이다.

내가 꿈꾸는 군대는 나만의 꿈이 아니라 군 복무服務를 하거나 하지 않거나를 떠나서 대한민국을 사랑하는 모든 사람이 바라는 군대의 모습일 것이다. 나는 내가 이런 군대를 만드는 데 조그마한 보탬이라도 되었으면 좋겠다는 소박한 바람을 가지고 글을 썼고, 나의 꿈을 부하들에게 알려주면서 여러분이 원하는 군대도 내가 꿈꾸는 것과 같을 것이니 함께 그런 군대를 만들어가자고 역설力說하였다. 나와 같이 근무하였던 사람들에게는 이미 알려진 글이지만 모르는 사람도 꽤 있어서 그들에게 소개하고픈 마음에 책의 말미末尾에 포함시킨다. 내가 꿈꾸던 군대를 나는 만들지 못하고 전역했지만, 여러분이 나의 꿈을 나누어가지고 행동으로 실천한다면 우리 군이 언젠가는 반드시 내가 꿈꾸던 모습으로 변할 것을 확신한다.

단어 하나하나와 문맥文脈마다 내가 하고 싶은 말들을 제대로 표현하느라고 제법 고생하며 만든 글이다. 한 글자씩 곱씹어 읽으면서 여러분이 가지고 있는 개인적인 꿈을 여기에 접목接木하기를 기원한다.

내가 꿈꾸는 군대

전투준비를 최고의 존재 가치로 여기며,
지금이라도 당장 전투에 나갈 능력과 태세를 갖추어
적과 싸워 이기려는 무인의 야성과 의지가 충만한
승리하는 군대!

현재에 충실하면서도 내일을 위해
생각하고 또 생각하면서
누구의 지시나 간섭에 의해서가 아니라
자기 스스로의 판단과 책임감, 감연敢然한 도전정신으로
자신과 부대 발전을 위해 늘 학습하고
자기 능력의 최고를 다 바쳐서 복무하는 참군인들이
교육과 훈련을 통하여 하나로 뭉쳐진
창의적인 군대!

자신의 등을 맡길 수 있는 사람들로 이루어져
신분과 계급, 직책을 뛰어넘어
의리와 사랑이 강물처럼 흐르며
군인이면서 독립적 주체로서
각자의 인간적 가치와 생각이 존중되는

진정한 선진 군대!!!

국민에게 신뢰를 요구하지 않으면서도
국민이 필요로 하는 순간에 그 자리에 늘 함께하고
군대답게 존재하며 행동함으로써
저절로 국민의 절대적인 존경과 신뢰를 받는
국민의 군대!!!

한 사람의 꿈은 단지 꿈이지만 만인萬人이 꾸는 꿈은 현실이 된다는 칭기즈칸의 말을 믿는다. 이 책을 쓰는 내내 나의 생각은 내가 꿈꾸는 군대와 닿아 있었다. 앞에서도 당부當付한 바와 같이 여러분에게 나의 꿈을 나누어드리니 부디 각자가 하나의 조각만이라도 소중히 여기며 이루어가기를 바란다.

전역 후를 준비하라

현역 신분인 야전군사령관일 때 구상했던 책을 민간인이 되어 쓰다 보니 민간인으로 느꼈던 부분을 추가해야 할 필요성을 느꼈다. 아직 전역한 지 1년도 안 된 초짜이지만 언젠가 군문軍門을 벗어날 후배들을 위해 짧게 생각을 적는다. 말하고자 하는 핵심은 미리 준비하라는 것이다. 그렇다고 군 생활을 등한히 하면서 미래에 우선을 두고 근무하라는 말은 절대 아니다. 전역하는 마지막 순간까지 최선을 다하며 군 복무를 하면서도 백세시대百歲時代인 요즘 전역 후 사오십 년 남은 자신의 삶에 대한 방향을 잘 세우라는 의미이다. 목표의 원칙은 민간인 생활에도 반드시 적용되는 철칙鐵則이다.

누구나 그러하겠지만 전역을 앞두고 미래에 대하여 많은 생각을 하면서 제2의 인생을 어떻게 살 것인가를 그려보았다. 모든 것을 자세히 말하기는 지면紙面이 허락하지 않아 생략하고, 전역식 후 다과회장에서 축하객들 앞에서 발표한 나의 다짐, '오물오행五勿五行'이 내 인생 2막의 나침반羅針盤이니 참고하기 바란다.

五勿: 하지 말아야 할 5가지

① 대장 계급을 자랑하지 말자.

② 후배들 상대로 돈벌이를 말자.

③ 군에서 얻은 비밀을 팔아먹지 말자.

④ 어른 대접을 요구하지 말자.

⑤ 군인인 것으로 착각하지 말자.

五行: 해야 할 5가지

① 내가 세상의 중심이라 생각하자.

② 속박됨이 없이 자유롭게 살자.

③ 하루하루를 즐기자.

④ 모든 일에 감사하자.

⑤ 봉사하자.

전역 후, 연·대대급에서 나에게 와달라고 요청하면 재능기부才能 寄附로 강연講演하러 다니는 이유도 내 나름대로 오물오행을 실천하는 행위이다.

이제 정말로 마지막에 왔다.

군인과 관련하여 많은 이야기를 하였지만 '군인이란 누구인가?'를 말로 설명하여 이해시키는 일은 사실 불가능하다. 그것은 본시 글자로 알 수 있는 성질의 것이 아니라 마음으로 알아야 하는 것이라고 믿는다. 그런 면에서 나는 애초부터 책의 주제를 잘못 잡았는지도 모르겠다. 그럼에도 불구하고 군인이라는 존재가 갖는 의미와 군인이 갖추어야 할 덕목들에 대하여 여러분에게 나의 생각을 알린 이유는 나를 밟고 여러분만의 관觀을 세우라는 뜻이다.

〈라디오 스타〉라는 영화를 보면 안성기가 왕년往年의 스타인 박중훈에게 하는 말이 나오는데, 매우 인상적印象的이다.

별은 말이지…. 자기 혼자 빛내는 별은 거의 없어. 다 빛을 받아서 반사하는 거야.

과학적으로 맞는 말이 아니지만, 감성적感性的으로는 우리에게 많은 점을 시사한다. 하늘의 별, 남들이 흔히 '스타'라고 부르는 장군은 혼자 빛을 내는 것이 아니라 부하들이 뿌리는 빛을 받아서 빛을 내는 존재라는 생각을 하며 오늘도 군인의 길을 걷자. 여러분 모두가 하늘에서 빛나는 스타가 되기를 소망하며 시詩 한 편을 선물한다.

대한민국 국군 파이팅!

사랑하는 별 하나

이성선

나도 별과 같은 사람이
될 수 있을까.
외로워 쳐다보면
눈 마주쳐 마음 비추어주는
그런 사람이 될 수 있을까.

나도 꽃이 될 수 있을까.

세상일에 괴로워 쓸쓸히 밖으로 나서는 날에
가슴에 화안히 안기어
눈물짓듯 웃어주는
하얀 들꽃이 될 수 있을까.

가슴에 사랑하는 별 하나를 갖고 싶다.
외로울 때 부르면 다가오는
별 하나를 갖고 싶다.

마음이 어두운 밤 깊을수록
우러러 쳐다보면
반짝이는 그 맑은 눈빛으로 나를 씻어
길을 비추어주는
그런 사람 하나 갖고 싶다.

《국방일보》, 국방홍보원, 2006년 12월 9일 및 2015년 6월 29일.

《군주의 거울, 키루스의 교육》, 김상근 지음, 21세기북스, 2016.

《나는 서른에 비로소 홀로 섰다》, 조광수 지음, 한국경제신문, 2014.

《나를 외치다》, 김세진 지음, 북랩, 2016.

《나의 문화유산답사기》, 유홍준 지음, 창작과비평사, 1993.

《내가 공부하는 이유》, 사이토 다카시 지음, 오근영 옮김, 걷는나무, 2014.

《노자의 목소리로 듣는 도덕경》, 최진석 지음, 소나무, 2001.

《논어》, 공자 지음, 김이리 엮음, 주변인의길, 2015.

《다시, 책은 도끼다》, 박웅현 지음, 북하우스, 2011.

《대통령 보고서》, 노무현대통령비서실 보고서 품질향상 연구팀, 조미나 지음, 위즈
    덤하우스, 2007.

《대통령의 글쓰기》, 강원국 지음, 메디치미디어, 2014.

《도해 세계전사》, 노병천 지음, 연경문화사, 2001.

《독서는 절대 나를 배신하지 않는다》, 사이토 다카시 지음, 김효진 옮김, 걷는나무,
    2015.

《로마제국 쇠망사》, 에드워드 기번 지음, 이종인 편역, 책과함께, 2012.

《롬멜 보병전술》, 엘빈 롬멜 지음, 황규만 옮김, 일조각, 1986.

《롬멜 전사록》, 리델 하트 지음, 황규만 옮김, 일조각, 2003.

《명량 진짜 이야기》, 노병천 지음, 바램, 2014.

《명장의 코드》, 에드거 퍼이어 지음, 윤사용 옮김, 한울, 2012.

《무소유》, 법정 지음, 범우사, 2010.

《미움 받을 용기》, 기시미 이치로/고가 후미타케 지음, 전경아 옮김, 인플루엔셜,
    2014.

《부모라면 유대인처럼》, 고재학 지음, 위즈덤하우스, 2010.

《사람을 남겨라》, 정동일 지음, 북스톤, 2015.

《사피엔스》, 유발 하라리 지음, 조현욱 옮김, 김영사, 2015.

《삼국지연의》, 나관중 지음, 이문열 편역, 민음사, 2012.

《생각의 탄생》, 로버트 루트번스타인/미셸 루트번스타인 지음, 박종성 옮김, 에코
    의서재, 2016.

《생각하는 힘, 노자 인문학》, 최진석 지음, 위즈덤하우스, 2015.

《성공하고 싶다면 오피던트가 되라》, 임관빈 지음, 팩컴북스, 2010.

《세상의 모든 전략은 전쟁에서 탄생했다》, 임용한 지음, 교보문고, 2012.

《소유냐 존재냐》, 에리히 프롬 지음, 차경아 옮김, 까치, 2015.

《손자병법》, 손자 지음, 김원중 옮김, 휴머니스트, 2016.

《시를 잊은 그대에게》, 정재찬 지음, 휴머니스트, 2015.

《시크릿》, 론다 번 지음, 김우열 옮김, 살림출판사, 2012.

《아웃라이어》, 말콤 그래드웰 지음, 노정태 옮김, 김영사, 2009.

《안나 카레니나》, 레프 톨스토이 지음, 박형규 옮김, 문학동네, 2014.

《어린 왕자》, 생텍쥐페리 지음, 삼지사, 2012.

《여덟 단어》, 박웅현 지음, 북하우스, 2013.

《워 다이어리》, 아서 브라이언트 지음, 황규만 옮김, 플래닛미디어, 2010.

《위대한 장군들은 어떻게 승리하였는가?》, 베빈 알렉산더 지음, 김형배 옮김, 한국
    전략문제연구소, 1995.

《유대인의 생각하는 힘》, 이상민 지음, 라의눈, 2016.

《이매지노베이션》, 윤종록 지음, 도서출판 하우, 2015.

《이순신의 일기》, 이순신 지음, 박혜일 등 엮음, 서울대학교출판문화원, 2014.

《인간이 그리는 무늬》, 최진석 지음, 소나무, 2013.

《일본제국은 왜 실패하였는가?》, 노나카 이쿠지로 등 지음, 박철현 옮김, 주영사,

2009.

《장군의 경영학》, 설리번/하퍼 지음, 강미경 옮김, 창작세상, 2001.

《전쟁론》, 카알 폰 클라우제비츠 지음, 강만수 옮김, 갈무리, 2016.

《전쟁사 101장면》, 정토웅 지음, 가람기획, 1997.

《전쟁에서 살아남기》, 메리 로치 지음, 이한음 옮김, 열린책들, 2017.

《전쟁이 발명한 과학기술의 역사》, 도현신 지음, 시대의창, 2011.

《정의란 무엇인가?》, 마이클 샌델 지음, 이창신 옮김, 김영사, 2010.

《정의론》, 존 롤스 지음, 황경식 옮김, 이학사, 2013.

《제4차 산업혁명》, 클라우스 슈밥 지음, 송경진 옮김, 새로운현재, 2016.

《지적 대화를 위한 넓고 얕은 지식》, 채사장 지음, 한빛비즈, 2014.

《참 군인 이종찬 장군》, 강성재 지음, 동아일보사, 1990.

《창업국가》, 댄 세노르/사울 싱어 지음, 윤종록 옮김, 다할미디어, 2010.

《창조의 탄생》, 케빈 애슈턴 지음, 이은영 옮김, 북라이프, 2015.

《책은 도끼다》, 박웅현 지음, 북하우스, 2013.

《청춘들을 사랑한 장군》, 임관빈 지음, 행복한에너지, 2017.

《축적의 길》, 이정동 지음, 지식노마드, 2017.

《축적의 시간》, 서울대학교공과대학 지음, 지식노마드, 2015.

《칼의 노래》, 김훈 지음, 문학동네, 2014.

《탁월한 사유의 시선》, 최진석 지음, 21세기북스, 2017.

《호모데우스》, 유발 하라리 지음, 김명주 옮김, 김영사, 2017.

《홀로 사는 즐거움》, 법정 지음, 샘터, 2004.

전몰자戰歿者들을 위한 헌시獻詩

루레스 비니언

그들은 결코 늙지 않으리라
남겨진 우리는 늙을지라도

시대는 그들을 지겨워하지 않고
세월도 그들을 경멸하지 않으리라

태양이 질 때와 아침이 밝을 때
우리는 그들을 기억할 것이다.

장군의 전역사 將役辭
물과 땅과 바람과 불의 이야기

지은이 | 김영식

1판 1쇄 발행 | 2018년 5월 21일
1판 7쇄 발행 | 2022년 6월 17일

펴낸곳 | (주)지식노마드
펴낸이 | 김중현
디자인 | 제이알컴
등록번호 |제313-2007-000148호
등록일자 | 2007. 7. 10
(04032) 서울특별시 마포구 양화로 133, 1201호(서교동, 서교타워)
전화 | 02) 323-1410
팩스 | 02) 6499-1411
홈페이지 | knomad.co.kr
이메일 | knomad@knomad.co.kr

값 18,000원

ISBN 979-11-87481-40-9 03390

이 도서의 국립중앙도서관 출판예정도서목록(CIP)은 서지정보유통지원시스템 홈페이지
(http://seoji.nl.go.kr)와 국가자료공동목록시스템(http://www.nl.go.kr/kolisnet)에서
이용하실 수 있습니다.(CIP제어번호: CIP2018013761)

* 잘못 만들어진 책은 구입하신 서점에서 교환해 드립니다.

저자의 약속에 따라 인세의 대부분은 국군 장병들을 위해 사용됩니다.